计算机网络安全技术与人工智能

杨霄璇　周吉萍　肖习江　主编

哈尔滨出版社
HARBIN PUBLISHING HOUSE

图书在版编目（CIP）数据

计算机网络安全技术与人工智能 / 杨霄璇，周吉萍，
肖习江主编 . -- 哈尔滨 : 哈尔滨出版社，2025.2.

ISBN 978-7-5484-8282-6

Ⅰ . TP393.08；TP18

中国国家版本馆 CIP 数据核字第 2024LT0689 号

书　　名：计算机网络安全技术与人工智能
JISUANJI WANGLUO ANQUAN JISHU YU RENGONG ZHINENG

作　　者：杨霄璇　周吉萍　肖习江　主编
责任编辑：赵　芳
封面设计：周书意

出版发行：哈尔滨出版社（Harbin Publishing House）
社　　址：哈尔滨市香坊区泰山路82-9 号　　邮编：150090
经　　销：全国新华书店
印　　刷：捷鹰印刷（天津）有限公司
网　　址：www.hrbcbs.com
E-m a i l：hrbcbs@yeah.net
编辑版权热线：(0451)87900271　87900272

开　　本：787mm × 1092mm　1/16　　印张：11　　字数：193千字
版　　次：2025 年 2 月第 1 版
印　　次：2025 年 2 月第 1 次印刷
书　　号：ISBN 978-7-5484-8282-6
定　　价：58.00 元

编委会

前　言

在当今这个日新月异的信息化时代，计算机网络的触角已深入社会的每一个角落，成为推动经济、社会发展的重要力量。然而，随着网络技术的飞速发展、数据流量的井喷式增长，网络安全问题如同阴影一般，悄然笼罩在每一个网络用户的头上。从个人隐私的泄露，到企业核心数据的被盗，再到对国家安全的潜在威胁，网络安全已成为不容忽视的重大问题。人工智能（AI）技术的崛起，则为这一问题的解决带来了前所未有的曙光。人工智能，作为21世纪的科技明珠，其强大的数据处理能力、学习能力及自我优化能力，正在逐步改变着我们的生活方式和工作方式。在网络安全领域，人工智能的应用更是如鱼得水，展现出其独特的价值和魅力。通过复杂的智能算法，AI能够精准地预测网络攻击的趋势和模式，为防御方提供宝贵的预警信息。这种前瞻性的防御策略，相比传统的被动防御手段，无疑更加高效、更加可靠。

然而，尽管计算机网络安全技术和人工智能带来了许多便利和创新，但这一领域仍然面临着诸多挑战和问题。首先，人工智能系统本身的安全性问题尚未得到完全解决，如何确保人工智能系统不被恶意利用是一个大问题。其次，随着人工智能技术的普及，网络攻击手法也在不断进化和升级，传统的网络安全防护措施难以应对由AI驱动的新型攻击。此外，隐私保护问题也日益突出，如何在利用人工智能提升网络安全的同时保护用户的隐私，避免数据滥用，是目前急需解决的问题。因此，本书不仅探讨了计算机网络安全技术与人工智能的结合点和应用实例，还对存在的问题进行了深入分析，旨在为读者提供全面的理论支持和实践指导。希望本书能为相关领域的研究者和从业者提供帮助和启发。然而，由于时间和水平的限制，书中可能存在一些疏漏之处，我们欢迎广大读者对本书提出批评和指正，以帮助我们改进和完善内容。

目　　录

第一章　计算机网络安全概述

第一节　计算机网络安全内容与常用的概念

一、网络安全的含义

网络安全是指保护网络系统中的硬件、软件和数据安全，避免因意外或恶意行为而被破坏、篡改或泄露，保证系统的稳定运行和网络服务的连续性。一个现代的网络系统如果没有合适的网络安全措施，就不是完善的。从根本上讲，网络安全是信息安全的一部分，涉及的领域非常广泛，包括所有关于网络信息保密性、完整性、可用性、真实性和可控性的技术和理论。

网络安全可以从多个角度进行理解：对于用户而言，保护他们的个人隐私和商业信息在网络传输过程中的机密性、完整性和真实性，防止信息被窃听、伪装、篡改、否认和未经授权的访问及破坏；对于网络管理员而言，保护他们对网络信息的访问和操作权限，以免受到病毒攻击、非法访问、服务拒绝，以及对网络资源的非法占用和控制的威胁；对于教育工作者而言，控制网络上不良信息对青少年的影响。

由此可见，网络安全在不同的应用场景和环境下具有不同的解释和内涵：

①运行系统安全：运行系统安全是指确保信息处理和传输系统的整体安全性。这包括通过法律法规和政策对系统进行保护，保障计算机机房的环境安全，在设计系统时充分考虑安全性，确保硬件的稳定运行，操作系统及应用软件的安全性，以及数据库系统的安全性。此外，还包括防止电磁信息泄露的措施等。

②系统信息安全：系统信息安全侧重于保护用户的账号和密码验证、用户的访问权限控制、数据的访问方式控制、安全审计、跟踪安全问题、预防和治理计算机病毒，以及对数据进行加密处理，确保系统内信息的安全传

输和存储。

③信息传播安全：信息传播安全关注的是在信息传播过程中确保其传播后果的安全性，包括对不良信息的有效过滤，防止不良信息在网络上传播。

④信息内容安全：信息内容安全是狭义上的"信息安全"，主要关注的是保护信息的保密性、真实性和完整性，防止攻击者利用系统漏洞进行窃听、冒充或欺诈等行为。这种安全保障的目的是确保在信息的生命周期内，授权用户能够合法访问，而未授权用户则无法非法获取或篡改信息。

总的来说，网络安全的核心在于保护信息的安全性，确保在信息流动或存储期间不被非授权用户非法获取或访问，同时保证合法用户的正常访问权限。

二、网络安全的需求

网络安全的需求是指为了保障系统资源的保密性、安全性、完整性等而采取的一系列组织、技术手段和方法。这些需求旨在维护合法的信息活动，确保网络系统在各个层面都能够安全可靠地运行。

(一) 保密性

保密性是网络安全中最基础也是最重要的需求之一。保密性指的是利用密码学技术，对信息进行加密处理，防止未经授权的人员或实体获取信息，确保信息内容在传输或存储过程中不被泄露。在保密性方面，通常会使用加密算法来确保数据在网络上的传输过程中无法被窃取或破解，只有授权用户才能查看和使用这些信息，最大程度上保障了信息的私密性。

(二) 安全性

安全性是衡量信息系统在保护程序和数据方面所达到的安全防护水平，防止非法用户或非授权实体对信息系统的使用和访问，确保信息系统免受恶意攻击、破坏或窃取。

(三) 完整性

完整性指的是信息系统中数据和程序的完整程度，是确保数据和程序满足预定需求的一项重要指标。完整性包含了两个方面：一是软件完整性，确保系统中的程序没有被恶意篡改，能够按照预期的方式运行；二是数据完整性，保证数据在传输、存储和处理过程中未被篡改或损坏。

(四) 服务可用性

服务可用性是网络安全中一个综合性的需求，指的是在符合权限的前提下，系统能够为合法用户提供高质量、可靠的服务。服务可用性包括了适用性、可靠性、及时性及安全保密性，是对网络服务水平的全面评价。系统的服务可用性要求信息服务能在合适的时间响应用户请求，提供符合预期的服务内容，确保网络系统能够稳定地运行并提供优质服务，从而满足用户的需求。

(五) 有效性和合法性

有效性和合法性是指信息的发送和接收双方在网络通信中需要满足的两方面要求。一方面，接收方应具备验证信息的能力，能够确认接收到的信息的内容和顺序是真实可靠的，同时要具备检测信息是否已过期或为重传内容的能力。另一方面，发送方需要对自己发送的信息负责，不能否认曾发送过的信息，防止信息发送方抵赖自己行为，声称信息是由接收方伪造的。而接收方也需要遵循合法性的原则，不得对接收到的信息进行任何篡改或伪造，也不能否认自己曾接收过相关信息。这一需求主要是为了防止通信过程中可能出现的抵赖和篡改行为，确保通信的真实、有效和合法。

(六) 信息流保护

信息流保护指的是在网络上传输信息流时，应确保信息流的安全和完整，防止信息在传输过程中被非法篡改、截取或插入有害信息。为了保障信息流的安全，网络安全系统需要采取防御措施，防止非授权人员在合法信息流中插入恶意数据，或者在信息流中开展非授权活动。信息流保护的目标是维持信息流的完整性，保证信息在传输过程中能够准确无误地传递到目的地，不被干扰或攻击。

三、网络安全的内容

网络安全内容的核心在于安全控制和安全服务两方面。

(一)安全控制

安全控制是指在电脑操作系统和网络通信设备上，对存储和传输的信息进行操作和流程的管控与管理。它主要是在信息处理层面进行基础的安全防护，具体可分为操作系统的安全控制和网络互联设备的安全控制。

(二)安全服务

安全服务是指在应用层面上对信息的保密性、完整性及来源的真实性进行保护和认证，确保满足用户的安全需求，并有效抵御各种安全威胁与攻击手段。这是对现有操作系统和通信网络安全漏洞的补充和完善。安全服务的主要内容包括安全机制、安全连接、安全协议和安全策略等。

安全机制通过密钥算法对重要且敏感的信息进行处理，具体包括：加密与解密、数字签名与验证、信息认证等。安全机制是整个安全系统的核心要素，现代密码学的理论与技术在安全机制设计中起到了至关重要的作用。

安全连接指的是在安全处理之前，网络通信双方之间建立连接的过程，旨在为安全处理做好必要准备，主要内容包括会话密钥的分配与生成及身份验证。

安全协议是一系列为完成特定任务而事先制定的、双方共同认可的有序步骤。安全协议的特点是预先制定、互相同意、清晰明确且完整无误。通过安全连接与安全机制的实施，安全协议保证了网络环境中不信任的通信双方之间的通信安全、可靠和完整。

安全策略是指安全机制、安全连接与安全协议的有机结合，是确保系统安全性的全面解决方案，决定了整个信息安全系统的总体安全性和实际应用效果。不同的通信系统与具体的应用环境要求制定不同的安全策略。

四、实现网络安全的原则

在开放式网络环境中，安全与风险并存，可信用户与不可信用户共存。为了确保通信安全，保护合法用户的权益和隐私，开放的网络环境必须采取相应的安全防护措施。同时，为了保证系统的兼容性，减少安全保护的系统开销，方便用户使用和系统管理，应该遵循以下几项原则：

① 应在靠近用户的地方设置安全防护措施。为保护用户的合法权益，最好的做法是在直接与用户交互的接口处部署安全措施，而不应完全依赖端系统或通信线路等外部环境的安全保障。

② 尽量减少可信第三方的数量。信任关系越少，不安全因素就越少，通信安全性也就提高了。减少对第三方的依赖有助于降低风险。

③ 安全策略的制定与具体安全实现应分离。这种做法可以使安全管理更加简便和具有通用性，同时为实现具体安全提供灵活性、多样性和独立性。

④ 安全策略应从整体上考虑，而不是仅在网络协议的某一层或几层加入安全措施。应从各协议层进行全面考量，确保各层之间的一致性，减少重复工作，提高安全实施的效率，降低潜在的安全风险。

⑤ 应尽可能保持原有网络协议的特性和系统的通用性。新的安全措施不应与开放式网络的基本原则相违背。

⑥ 安全措施的实施应采用统一的内部结构和外部管理接口，减少用户的直接干预，使用户和上层应用程序几乎察觉不到安全措施的存在和影响，从而提高用户体验。

五、网络安全常用的概念

(一) 加密

在网络安全领域，加密技术是确保信息安全的基础。密码学是加密、解密、维护数据完整性、鉴别交换、口令存储与检验等功能的前提，是许多安全服务与机制的基础。加密技术的主要作用是保护信息的机密性，防止黑客或其他恶意行为者的攻击。同时，加密技术也可应对一些攻击手段，如监控消息流、篡改数据、分析通信流量、伪造信息、抵赖行为及未经授权的连接等。加密的本质是将敏感数据转化为不易识别的形式，从而降低其敏感性。

加密可分为对称加密和非对称加密算法两种类型。对称加密算法要求通信双方使用相同的密钥进行加密和解密，尽管这种方式效率较高，但密钥的分发和存储成了一个潜在的问题；而非对称加密算法（又称公开密钥算法）通过公开一个密钥并保密另一个密钥来解决这一问题。非对称加密算法的一个特点是，两个密钥相互独立，一个密钥无法通过计算推导出另一个密钥，确保了密钥的安全性。

（二）密钥管理

密钥管理包括密钥的生成、分配、存储与控制等内容。在密钥管理过程中，需要重点考虑的一个问题是，无论是显式的还是隐式的，每个密钥都必须根据其功能和用途明确地加以区分，并为其设置合理的"存活期"，即根据时间或其他标准来限制密钥的使用期限。这种管理方式可以有效防止密钥过期或不当使用所导致的安全隐患。

对于对称加密算法，密钥管理的难点在于如何安全地分发和存储密钥。为了解决这一问题，通常需要借助密钥管理协议中的保密性服务来保障密钥传输的安全性。相比之下，非对称加密算法的密钥管理侧重于确保公钥的完整性和真实性。这时，抗抵赖服务或数据完整性服务便起到了关键作用，保证了公钥在传输过程中不被篡改，从而确保信息传输的安全性。

（三）数字签名

数字签名作为一种基于非对称加密算法的安全机制，在网络环境中发挥着重要作用。它主要用于验证数据的完整性和真实性，提供了抗抵赖服务和对象鉴别等功能。数字签名的特点在于，只有拥有私钥的用户才能对数据进行签名，这就保证了签名数据的唯一性和不可伪造性。签过名的数据单元只能由私钥的持有者生成，任何其他人都无法伪造相同的数据单元。

（四）访问控制

访问控制是保护网络资源的重要手段，旨在限制未经授权的用户访问敏感资源。它通过设定访问权限表、口令及权限标志等方式，确保只有授权用户才能访问特定的资源。访问控制的实施依赖于对用户身份的验证和对资源权限的划分。通过这些机制，系统能够有效地防止未经授权的访问和操作。在实际应用中，访问控制策略通过对不同用户的权限进行合理的分类和管理，确保资源的安全性。例如，某些用户可能拥有读取权限，但没有修改权限，而另一些用户则可能拥有更高的访问权限。这种精细化的权限管理能够有效防止非法访问和资源滥用，保证系统的正常运作和资源的安全。

（五）数据完整性

数据完整性机制分为两种类型，一种机制专门用于保护单个数据单元的完整性，确保数据在传输或存储过程中不被篡改。另一种机制不仅保护单个数据单元的完整性，还确保整个数据流的连续性和顺序正确，防止数据在传输过程中被恶意改变或丢失。

（六）消息流的篡改检测

消息流的篡改检测技术用于识别和检测消息流中的非法修改，与通信链路和网络中的比特错误检测、码组错误检测及顺序错误检测密切相关。这一技术可以通过检测消息流的异常变化，及时发现数据在传输过程中是否被篡改，从而有效保障数据传输的完整性和安全性。该技术对网络安全中的数据保护至关重要。

（七）鉴别交换

鉴别交换根据不同的安全需求和场景，可以采用多种方式进行。例如：当对等双方及其通信渠道都可信时，可以通过简单的口令验证来确认对等实体的身份；如果仅信任对等实体但不信任通信渠道，则需要通过口令和加密技术联合提供抗主动攻击的保护；而当双方都不信任彼此及通信渠道时，可以使用抗抵赖服务来提供更高级别的安全保障。鉴别交换的核心在于根据具体环境选择适当的安全措施，确保双方身份的真实性和信息的安全性。

(八) 通信业务填充

通信业务填充是通过制造虚假通信流量或者将协议数据单元填充到固定长度的方法,防止通信业务分析,进而提升网络安全。这种方式可以干扰恶意行为者对通信流量的分析和攻击,有效保护敏感信息。

(九) 路由选择控制

路由选择控制是指指定数据只能在物理上安全的路由上传输,或者确保敏感数据仅在具备适当保护级别的路由上传输,来提高网络的安全性。优化路由路径可以避免数据通过不安全的网络节点,防止敏感信息在传输过程中被泄露或攻击。

(十) 公证

公证技术基于可信的第三方,确保在两个实体之间交换的信息不被篡改或误解。通过第三方的认证和监督,双方可以确保信息在传输过程中保持其原有的真实性和完整性,从而避免信任缺失而导致的争议或数据篡改问题。

六、网络安全的模型

网络安全的模型以四方参与者为基础,分别是:发送者、接收者、敌人和监控与管理方。在这个模型中,通信双方,即发送者与接收者,被称为主体,通过协调和建立相应的通信协议,构建起安全的逻辑信息通道。然而,在信息传输的过程中,数据安全始终面临着各种威胁与潜在攻击。常见的安全威胁包括通信中断、数据被非法截获、信息遭到篡改等,这些威胁可能对通信数据的保密性、完整性及可靠性造成严重影响。

为了确保通信过程中的信息安全,主体必须采取有效的安全措施,防止敌人对数据进行恶意干扰。网络安全模型的建立,就是为了对这些安全问题进行系统化的分析与解决。发送者与接收者在传输数据之前,需要对数据的安全性进行充分的评估,选择恰当的加密技术来确保信息在传输过程中的保密性。此外,接收者在接收到数据后,还需进行完整性验证,以确保数据没有丢失或被篡改。

而模型中的敌人，可能会以多种方式攻击信息通道，截取数据、进行监听、伪造信息，甚至破坏信息的完整性。为了应对这些威胁，发送者和接收者需要在通信协议中设置防护措施，例如数据加密、身份认证和数据完整性验证等。这些安全策略可以有效防止敌人对信息的篡改、伪造及其他破坏性行为。

监控与管理方的作用不可忽视，其负责整个通信过程的监管与安全策略的实施。通过对通信双方和通信内容的监控，确保网络安全策略得以有效执行，防止任何潜在的威胁入侵通信通道。管理方还需要根据具体的网络环境，制定相应的网络安全规范和应对措施，以应对不断变化的安全威胁。

第二节　计算机网络安全机制与安全策略

一、计算机网络安全服务和安全机制

(一) 计算机网络安全服务的种类

针对网络系统可能面临的各种威胁，OSI 安全体系结构提出了多种安全服务，具体包括以下几类：

1. 认证 (鉴别) 服务

认证服务分为对等实体认证和数据源认证两大类。对等实体认证旨在核实交互的对等实体是否为其所声称的实体，确保参与通信的双方身份的真实性；而数据源认证则是确认接收到的数据确实来源于声称的发送者。认证过程可以是单向的，也可以是双向的，还包括对有效期的验证。这些功能共同作用，有效防止了身份伪装或重放攻击。

在 OSI 模型中，当某一层 (N 层) 提供对等实体认证服务时，它帮助上一层 (N+1 层) 确认其交互的对等实体确实是预期的那一个。这种服务在建立连接时或在数据传输的特定阶段提供，用来核实一个或多个连接实体的身份。通过这种方式，用户可以在服务有效期内确信交互实体没有伪装成其他身份，或未授权地重放旧连接。认证服务能够根据需要提供不同级别的安全保障。

对于数据源认证服务，当 OSI 模型的 N 层提供此服务时，确保了 N+1 层的实体能够验证数据的真实来源。这不仅有助于对客户端身份进行验证，还能对客户端向服务器发出的请求信息进行筛选和监控服务器资源的审计，有效抵御多种安全威胁。

2. 访问控制服务

访问控制服务旨在防止未授权的用户非法使用系统资源，其核心功能包括用户身份验证和权限管理。这种服务不只适用于个别用户，也适用于特定封闭用户组的所有成员。

访问控制主要目的是防止网络或网络资源被未授权地使用。授权操作有助于保障信息的保密性、可用性和完整性。通常，授权是针对两个活动实体之间的，即发起端和目标端。授权能够确定哪些发起者可以访问并使用特定的目标系统及其网络服务。访问控制还承担着选择合适的网络路由的任务，以避免信息从不可信的网络或子网中传出。同时，访问控制需要确保资源在重新分配时，前一用户的数据不被后来者非法获取。最基本的处理方式是在资源重新分配前清除所有数据。

访问控制的目标是限制 OSI 资源的非授权访问。此类保护服务可应用于各种资源访问类型，如通信资源的使用、信息资源的读取、写入或删除，处理资源的执行操作。这种访问控制服务必须与不同的安全策略保持一致，以确保系统的整体安全。

3. 数据保密服务

数据保密服务的目的是确保网络中各系统之间交换的数据不会因被截获而泄露，其主要包括以下内容：

①连接保密：对特定连接上的所有用户数据进行保密处理。然而，在某些应用场景和层次上，对所有数据进行保护并不合适，如连接请求中的部分数据不必保密。

②无连接保密：针对无连接的数据包，对其所有用户数据进行保密。

③选择字段保密：对协议数据单元中的部分用户数据字段进行选择性保密，这些字段可以位于连接的用户数据中，或在单个无连接的协议数据单元（SDU）中。

④ 信息流安全：隐藏通信中的流量特征，如源地址、目的地址、数据传输频率及流量大小，防止外部观察者通过分析数据流推测出机密信息。

数据保密服务的实现主要有两种方法：

① 已定义的安全域中的实体。安全域内的实体包括所有主机、资源和连接它们的传输媒体，遵循相应的安全策略，并提供一定的安全级别。在安全域内，主机之间具有一定的信任关系，可以互相提供或获取服务，而安全域外的主机无法获得这些服务。

② 通过加密技术。加密技术将明文转换为密文，只有目标接收者能够通过解密密钥将密文还原为明文。当数据从源主机通过中间网络传输到目的主机时，使用加密技术能够有效防止信息被截获，保护数据在网络上传输的安全性。

4. 数据完整性服务

数据完整性服务旨在防止非法实体的恶意攻击，确保数据接收方接收到的信息与发送方发出的内容完全一致。在建立连接时，系统首先使用对等实体认证服务，结合在连接存续期间运行的数据完整性服务，确保所有通过该连接传输的数据单元的来源和完整性都能得到验证。如果使用顺序号，还可以检测数据单元是否被重复传输。具体的数据完整性服务可以分为以下五种：

① 可恢复的连接完整性：该服务为连接上的所有用户提供数据完整性的保障。如果服务数据单元被篡改、插入、删除或重放，该服务能够恢复原始数据。

② 无恢复的连接完整性：与可恢复的连接完整性类似，只是该服务无法对被篡改的数据进行恢复。

③ 选择字段的连接完整性：该服务专门保障连接上传输的选定字段的完整性，确保这些字段未被篡改、插入、删除或重放。

④ 无连接完整性：该服务为单个无连接的数据单元提供完整性验证，能够确定数据单元是否被篡改，并在一定程度上检测到重复传输。

⑤ 选择字段无连接完整性：该服务确保无连接数据单元中的选定字段的完整性，判断这些字段是否被篡改。

5. 抗否认性服务

抗否认性服务旨在确保数据的发送方不能在事后否认自己发送过数据，接收方也不能否认自己接收过数据。该服务由以下两种服务组成：

① 发送不可否认：这种服务为数据接收方提供数据来源的可靠证据，确保发送方不能否认曾经发送过该数据，或者否认数据的具体内容。

② 接收不可否认：这种服务为数据发送方提供数据已成功交付给接收方的证据，防止接收方事后否认已接收数据。

上述两种服务可以通过数字签名技术实现。在提供抗否认性服务时，需特别注意防止已截获的信息流被重放。这是一种常见的攻击手段，攻击者利用该方法冒充合法主机欺骗目标主机。

(二) 计算机网络安全机制的种类

为了实现上述各种安全服务，安全体系结构建议采用以下八种安全机制：

1. 加密机制

加密是确保数据保密性最常用的手段，不仅能够为单个数据提供机密保护，还可以保障整个通信业务流的安全。此外，加密机制还对其他安全机制起到了辅助作用。根据密码体制的不同，加密算法可以分为序列密码算法和分组密码算法；根据密钥的类型，则可以分为对称密钥算法和非对称密钥算法。对于对称密钥算法，掌握了加密密钥即意味着掌握了解密密钥，反之亦然。而在非对称密钥算法中，掌握了加密密钥并不意味着能够解密，反之亦然。将加密技术与其他技术相结合能够有效提供数据的保密性和完整性。除了对话层不提供加密保护外，加密机制可以在其他各层中应用。伴随加密机制的还有密钥管理机制，用以确保对密钥的安全和有效管理。

2. 数字签名机制

数字签名是解决网络通信中常见安全问题的有效手段。当通信双方出现以下情况时，会引发相应的安全隐患：

① 否认：发送方事后不承认自己发送过某份文件；

② 伪造：接收方伪造一份文件，谎称它来自发送方；

③ 冒充：网络中的某个用户假冒他人身份，接收或发送信息；

④ 篡改：接收方对接收到的信息进行部分修改。

数字签名机制包含两个主要过程：数据单元的签名和签名验证。签名过程使用签名者的私有信息（私钥）对数据单元进行加密，或者生成该数据单元的密码校验值。验证过程则是通过公开的规程和信息，判断该签名是否由签名者的私有信息生成。

数字签名机制的核心特征在于签名的唯一性，只有拥有私有信息的签名者才能生成该签名，并且可以随时通过第三方进行验证。换句话说，数字签名必须具备真实性、不可否认性、不可伪造性和不可重用性。

3. 访问控制机制

访问控制机制是信息系统安全的重要保障，通过有效的身份认证、权限管理和审计控制，确保系统资源的安全性。访问控制机制的实现涉及多个层面，包括身份认证、权限管理、授权控制以及访问审计等方面。

身份认证是验证用户身份的过程，通常通过用户名和密码、生物识别技术、硬件令牌或双因素认证等方式来实现。通过确保只有合法用户才能进入系统，身份认证为访问控制提供了基础。权限管理是指为用户或角色分配不同的访问权限。权限可以细分为读取、写入、执行等不同操作权限，确保用户只能在授权范围内操作系统资源。审计和监控功能允许系统记录所有访问活动，包括谁访问了哪些资源、何时访问、执行了什么操作等。通过审计日志，可以追踪潜在的安全事件或违规行为，为事后分析和安全事件响应提供重要依据。

4. 数据完整性机制

数据完整性有两种形式：一是单个数据单元或字段的完整性；二是数据单元流或字段流的完整性。通常，这两类完整性服务的实现机制有所不同，且只有在确保第一类完整性的前提下，才能进一步提供第二类服务。

决定单个数据单元完整性需经过两个步骤：一是在发送端进行；二是在接收端进行。保障数据单元完整性的方法通常是发送端在数据单元上添加一个标记，该标记由数据本身的特征生成。接收端通过将自己生成的标记与接收到的标记进行对比，来判断传输过程中数据是否遭到篡改。但是，仅凭这种机制无法防止单个数据单元的重复传输。为了避免这一问题，应在网络体系结构的适当层次上检测可能在当前层或更高层发生的恢复操作。对于连接方式的数据传输，保护数据单元序列的完整性还需要额外的顺序标识。数据单元序列的完整性要求连贯的序列编号及准确的时间标记，以防止数据序列的伪造、丢失、重发、插入或篡改。

5. 认证机制

认证机制是一种通过信息交换确认实体身份的机制。常见的认证技术机制包括以下几种：

① 口令认证：由发送方提供口令，接收方进行验证。

② 密码技术认证：对交换的数据进行加密，只有合法用户才能解密，进而获取有意义的明文。通常，这类技术需要结合时间标记、同步时钟、双方或三方的"握手"协议、数字签名及公证机构等，来防止重放攻击和抵赖行为的发生。

③ 基于实体特征或所有权的认证：例如指纹识别、声音识别和身份卡。这类机制可以部署在（N）层，用于提供对等实体的身份鉴别。如果身份鉴别未通过，则连接将被拒绝或中断，可能会在安全审计跟踪中添加记录，也可能向安全管理中心报告。这些机制的综合应用，可以有效确保实体身份的准确性和安全性。

6. 业务流量填充机制

业务流量填充机制旨在防止非法人员通过监听线路来进行流量和数据流向的分析。此机制仅在通信业务流量受到机密服务保护时才能发挥作用。通常，通过保密设备在无信息传输时持续发送伪随机数据流，非法人员无法分辨哪些是有效信息、哪些是无效数据，从而增强通信安全性。

7. 路由控制机制

在大型网络中，从源节点到目的节点通常有多条可供选择的线路，其中部分线路安全可靠，另一些则存在安全隐患。路由控制机制可以使信息发送方根据需要动态或预先选择特定的路由，确保只通过物理上安全的子网络、中继站或链路传输数据，以保障信息的安全性。

当检测到持续的攻击时，端系统可以指示网络服务提供者选择不同的路由建立连接，并限制带有特定安全标记的数据通过某些不安全的子网络、中继站或链路。

8. 公证机制

在一个大型网络中，存在众多节点或终端，网络用户并非全都可信，同时，系统故障可能导致信息丢失或延迟，进而引发责任纠纷。为了解决这些问题，需要一个被各方信任的实体——公证机构，类似国家设立的公证机构，提供公证服务，并对问题进行仲裁。

公证保证由第三方公证人提供，公证人是通信各方信任的角色，掌握必要的信息，并以可验证的方式提供所需的保证。每个通信实体可以通过数字签名、加密和完整性机制配合公证人提供的服务。当公证机制介入时，数据通过受保护的通信通道在参与通信的实体和公证人之间传递。引入公证机制后，通信双方必须经过公证机构进行信息交换，确保公证人获取必要的信息，以便在出现争议时进行仲裁。

（三）服务、机制的层配置

OSI 参考模型是一种层次结构，不同层次在支持某些安全服务时有不同的效率，因此存在安全服务层配置的问题。为了解决安全服务和安全机制的层配置问题，应遵循以下原则：① 实现某种服务的方法应尽可能简化；② 在多个层次提供安全服务，以构建更稳固的安全系统是合理的选择；③ 避免破坏各层的独立性；④ 只要某个实体依赖于低层实体提供的安全机制，中间层的操作应不违背整体安全要求；⑤ 只要条件允许，附加安全功能的定义应以不妨碍该层作为独立模块运行的方式进行。

下面简要介绍在 OSI 参考模型框架内提供的安全服务及其实现方式。除非特别指出，安全服务通常由运行在对应层的安全机制提供。多数层次不仅可以提供自身的安全服务，还可以利用下层提供的安全服务。

1. 物理层

（1）服务

物理层可以单独或者与其他层结合，提供连接机密性和通信业务流机密性等安全服务。通信业务流机密性分为完全通信业务流机密性和部分通信业务流机密性两种形式。完全通信业务流机密性仅在特定情况下提供，比如双向同时、同步、点对点地传输，而部分通信业务流机密性则适用于其他传输类型，如异步传输。物理层的安全服务主要用于应对被动威胁，适用于点对点或多对多实体的通信。

（2）机制

物理层的主要安全机制是数据流加密，它通过一个操作透明的加密设备实现。物理层的保护目标是确保整个物理服务数据比特流的安全，并提供通信业务流的机密性。

2. 数据链路层

（1）服务

数据链路层提供的安全服务包括连接机密性和无连接机密性。

（2）机制

数据链路层的安全服务是通过加密机制来实现的。

3. 网络层

（1）服务

网络层提供的安全服务包括：数据源鉴别、对等实体鉴别、访问控制、连接机密性、无连接机密性、通信业务流机密性、无连接完整性及不带恢复的连接完整性。这些安全服务可以由网络层独立提供，也可以与其他功能层协作提供。

（2）机制

网络层的安全服务通过以下机制实现：

① 数据源鉴别服务由加密或签名机制实现；

② 对等实体鉴别服务通过密码鉴别交换、受保护的口令交换和签名机制实现；

③ 访问控制服务通过特定的访问控制机制实现；

④ 连接机密性服务依赖加密机制和路由选择控制机制实现；

⑤ 无连接机密性服务由加密机制和路由选择控制机制实现；

⑥ 通信业务流机密性服务通过通信业务填充机制和路由选择控制机制实现；

⑦ 无连接完整性服务通过数据完整性机制和加密机制实现；

⑧ 不带恢复的连接完整性服务通过数据完整性机制和加密机制实现。

4. 运输层

（1）服务

运输层提供以下安全服务：数据源鉴别、对等实体鉴别、访问控制、连接机密性、无连接机密性、带恢复的连接完整性、不带恢复的连接完整性及无连接完整性。这些服务可以由运输层单独提供，也可以与其他层协同提供。

（2）机制

运输层的安全服务通过以下机制实现：

① 数据源鉴别服务由加密或签名机制实现；

② 对等实体鉴别服务是通过密码鉴别交换、保护的口令交换及签名机制来完成的；

③ 访问控制服务通过专门的访问控制机制实现；

④ 连接机密性服务由加密机制实现；

⑤ 无连接机密性服务由加密机制实现；

⑥ 带恢复的连接完整性服务通过数据完整性机制和加密机制实现；

⑦ 不带恢复的连接完整性服务通过数据完整性机制和加密机制实现；

⑧ 无连接完整性服务是通过数据完整性机制与加密技术共同实现的。

5. 会话层

（1）服务

会话层可以提供以下安全服务：对等实体鉴别、数据源鉴别、连接机密性、无连接机密性、特定字段的机密性、通信业务流的机密性、带恢复功能的连接完整性、不带恢复功能的连接完整性、特定字段的连接完整性、无连接的完整性、抗抵赖的数据源证明、抗抵赖的交付证明。

（2）机制

会话层的安全服务通过以下机制来实现：

① 对等实体鉴别服务可以通过语法变换机制实现；

② 数据源鉴别服务由加密或签名机制实现；

③ 连接机密性和无连接机密性服务均由加密机制实现；

④ 特定字段的机密性服务由加密机制实现；

⑤ 通信业务流的机密性由加密机制实现；

⑥ 带恢复功能的连接完整性服务由数据完整性机制和加密机制配合实现；

⑦ 不带恢复功能的连接完整性服务由数据完整性机制和加密机制配合

实现；

⑧ 特定字段的连接完整性服务依靠数据完整性机制与加密机制结合实现；

⑨ 无连接的完整性服务依赖数据完整性机制和加密机制的配合实现；

⑩ 抗抵赖的数据源证明服务由数据完整性、签名与公证机制共同实现；

⑪ 抗抵赖的交付证明服务依靠数据完整性、签名与公证机制的有效结合来实现。

6. 表示层

（1）服务

表示层提供以下安全服务：对等实体鉴别、数据源鉴别、连接机密性、无连接机密性、特定字段的机密性、通信业务流的机密性、带恢复功能的连接完整性、不带恢复功能的连接完整性、特定字段的连接完整性、无连接的完整性、特定字段的无连接完整性、抗抵赖的数据源证明、抗抵赖的交付证明。

（2）机制

表示层的安全服务通过以下机制来实现：

① 对等实体鉴别服务可以由语法变换机制实现；

② 数据源鉴别服务由加密或签名机制实现；

③ 连接机密性服务由加密机制实现；

④ 无连接机密性服务由加密机制实现；

⑤ 特定字段的机密性服务由加密机制实现；

⑥ 通信业务流的机密性服务由加密机制实现；

⑦ 带恢复功能的连接完整性服务通过数据完整性机制和加密机制的结合实现；

⑧ 不带恢复功能的连接完整性服务依赖数据完整性机制和加密机制的配合实现；

⑨ 特定字段的连接完整性服务通过数据完整性机制与加密机制实现；

⑩ 无连接的完整性服务是通过数据完整性机制与加密技术的配合来实现的。

⑪ 特定字段的无连接完整性服务由数据完整性机制和加密机制共同实现；

⑫ 抗抵赖的数据源证明服务通过数据完整性、签名和公证机制的结合实现；

⑬ 抗抵赖的交付证明服务由数据完整性、签名和公证机制共同实现。

7. 应用层

（1）服务

应用层可以单独或与其他层共同提供以下安全服务：对等实体鉴别、数据源鉴别、访问控制、连接机密性、无连接机密性、特定字段的机密性、通信业务流的机密性、带恢复功能的连接完整性、不带恢复功能的连接完整性、特定字段的连接完整性、无连接完整性、特定字段的无连接完整性、抗抵赖的数据源证明及抗抵赖的交付证明。

（2）机制

应用层的安全服务通过以下机制实现：

① 对等实体鉴别服务通过在应用实体间传递的鉴别信息提供，这些信息受表示层或更低层加密机制的保护；

② 数据源鉴别服务可通过签名机制或下层的加密机制实现；

③ 访问控制服务由应用层的访问控制机制与下层的访问控制机制共同实现；

④ 连接机密性服务由下层的加密机制实现；

⑤ 无连接机密性服务同样通过下层的加密机制实现；

⑥ 特定字段的机密性服务通过表示层的加密机制实现；

⑦ 通信业务流的机密性服务通过应用层的通信业务填充机制结合下层的机密性服务实现；

⑧ 带恢复功能的连接完整性服务由下层的数据完整性机制实现；

⑨ 不带恢复功能的连接完整性服务依赖下层的数据完整性机制实现；

⑩ 特定字段的连接完整性服务通过表示层的数据完整性机制实现；

⑪ 无连接完整性服务通过下层的数据完整性机制实现；

⑫ 特定字段的无连接完整性服务通过表示层的数据完整性机制实现，有时结合加密机制来实现；

⑬ 抗抵赖的数据源证明服务由签名机制和下层的数据完整性机制结合，并配合第三方公证机制实现；

计算机网络安全技术与人工智能

⑭ 抗抵赖的交付证明服务通过签名机制与下层数据完整性机制结合，并与第三方公证机制相配合实现。

二、计算机网络安全策略

计算机网络安全领域既广泛又复杂。制定合理的安全策略，应着重关注网络管理者或使用者最关心的方面。具体来说，安全策略应该明确规定在安全范围内哪些行为是允许的，哪些是不允许的。

通常，策略是一种总体的指导方针，指出需要关注的重点，而不是详细说明具体如何实现目标。因此，策略处于安全技术规范的最高层次。在实施初期，如何将策略与实际应用紧密结合往往是不明确的。通常来说，好的方法是通过不断完善和优化，让策略经过逐步细化，每个阶段结合实际应用的具体操作，增加更为详细的内容。

(一)安全策略的分类

安全策略主要分为两类：基于身份的安全策略和基于规则的安全策略。

1. 基于身份的安全策略

基于身份的安全策略是指通过身份来控制对数据或资源的访问。这类策略有两种执行方式，取决于访问权限是赋予访问者，还是赋予被访问的数据。如果权限由访问者持有，通常使用特权标识或特殊授权，只有特定用户及其相关活动进程才能获得授权；如果权限属于被访问的数据，则可以通过访问控制列表来管理。在这两种执行方式中，数据项的变化较大。数据可以根据权限命名，并且可能带有各自的访问控制列表。

2. 基于规则的安全策略

基于规则的安全策略是指通过特定的、个性化的属性来确定授权标准，授权通常与数据的敏感性相关。在安全系统中，数据或资源应附带安全标记，同时用户的操作也需要具备相应的安全标记。标记的概念在通信中非常重要，它可以指示数据的敏感性、设置时效和定位属性，说明处理和分配特性，并明确对终端的特殊要求。带有属性的标记形式多样，包括发起通信的进程与实体；响应通信的进程与实体；通信期间要移动的数据项；通信期间用到的信道和其他资源。安全策略必须明确属性的使用方式以提供必要的安全性能。为对特定标记的属性采取合适的安全措施，可能还需要进行协商。当安全标记同时附加在访问进程和被访问数据上时，基于身份的访问控制所需的附加信息也应作为标记的一部分。在认证过程中，必须识别发起和响应通信实例的进程或实体，特别是它们的属性，因此安全管理信息库需要包含足够的信息来描述这些属性。

当安全策略基于访问数据用户的身份时，安全标记应包含该用户的身份信息。用于特定标记的规则应在安全管理信息库中有所体现，并在必要时与终端协商。

在通信实例中传输数据时，每个数据项都与其安全标记紧密结合。在某些基于规则的场景下，标记可能会成为数据项的一部分，与数据一起交付应用。同时，通过数据项完整性技术，确保数据项与标记的准确性和一致性。这些属性的最终目的是为 OSI 参考模型数据链路层中的路由控制功能提供支持。

无论是基于身份的安全策略，还是基于规则的安全策略，都建立在授权的基础上。因为所有的安全威胁都与授权或未经授权的行为有关。在安全策略中，必须明确规定"授权"的定义，即便是通用的安全策略，也要清晰表明："未经授权的实体，不可接触信息、不可访问、不得引用，也不得使用任何资源。"基于身份的安全策略通常是一组针对常见属性或敏感实体的规则，而基于规则的安全策略则是根据特定的个性化属性来确定授权准则的。

值得注意的是，有些属性与应用实体的关联是固定不变的，而有些属性则可以在实体之间转移，如权限的转交。因此，授权服务可以分为由行政管理强制实施的授权服务和动态选择的授权服务。一个安全策略的制定将决定系统安全要素，这些要素应具备可用性和有效性。

(二) 安全策略的配置

在开放式网络环境下，用户的合法权益通常面临两种形式的侵害：主动攻击和被动攻击。主动攻击指的是对用户信息进行篡改、删除、伪造，冒充用户身份，或阻止合法用户的正常访问；被动攻击则包括窃取用户信息、分析信息流等行为。根据用户对安全的不同需求，可以采取以下几种保护措施：

① 身份认证：验证用户身份的合法性，防止身份冒用，进而对用户实

施访问控制。

②数据完整性鉴别：确保用户数据不被伪造、修改或删除，保障数据的完整性。

③信息保密：通过技术手段防止用户信息泄露或被窃取，从而保护用户隐私。

④数字签名：通过签名技术，防止用户否认其对数据所进行的处理。

⑤访问控制：对用户的访问权限进行有效的管理与限制，防止越权操作。

⑥不可否认性：也称为不可抵赖性，指的是防止用户否认已执行的数据操作。

(三) 安全策略的实现原则

根据用户的具体安全需求，在开放式网络环境中实现安全策略需要遵循以下几项原则：

1. 层次性

同一安全策略在不同的网络协议层次上实现时，效果可能不同，因此应根据用户的安全需求进行选择。比如：数字签名只能在应用层实现，目的是防止用户对信息操作的抵赖；而身份认证、数据完整性验证和访问控制可以在多个层次中应用，随着层次的深入，其保护力度和覆盖范围逐渐增强；信息加密可依据用户需求在任意层实现；如果只需对部分数据进行加密，适宜在应用层实现；若需对所有传输数据加密，则应在网络接口层或 IP 层实现。分层实现安全策略不仅能够更好地适应不同环境，还能节约资源。

2. 独立性

安全策略的实现应独立于安全体系结构，所采用的密钥体系、证书管理模式、加密算法和身份认证方法均应独立于整体安全框架。不同的主机、应用实体或协议层次可以采取不同的实现方式，终端之间通过安全协商建立统一的安全策略和协作机制。

3. 多样性

多个用户、进程或主机可以共享相同的安全策略，也可以针对不同的用户、进程或主机制定个性化的安全策略。可以在多个层次同时实现身份认证和访问控制，也可以只针对某一特定层实现。例如，为了保持 IP 协议的动态路由、负载均衡和网络自适应特性，数据报的源地址和目的地址不应被固定。当防火墙的堡垒主机作为中间节点时，终端增加的安全策略不应影响防火墙已有的安全策略。安全策略的实施应灵活应对网络特性和环境，因地制宜地应用于协议堆栈中。

4. 可管理性

终端采用的安全策略应是可配置的，并提供给用户和管理者便捷统一的管理接口。管理可以是手动或自动的，但在互联网的大规模网络环境中，通常应采用自动管理的方式来提高效率。

(四) 安全策略的实现框架

安全策略的实现包括以下几个主要部分：

1. 证书管理

证书管理是指公开密钥证书的生成、分发、更新及验证工作。这些证书常用于身份验证、数字签名，以及随后的会话密钥生成。本质上，证书管理就是通过可靠的第三方，在终端系统之间建立起互信关系，因此这种管理是安全策略实施的基础。

2. 密钥管理

密钥管理的任务是生成、协商、交换和更新密钥，目的是为通信双方建立所需的共享密钥，从而支持安全策略的实现。这种管理包括不同的密钥体制、不同的密钥协商协议、不同的密钥更新方法。

3. 安全协作

安全协作是指在不同终端系统间就共同遵循的安全策略进行协商。这涉及安全措施的实施层次，包括采用的认证和加密算法、错误处理步骤等。

4. 安全算法实现

安全算法实现是指实现安全算法（如 DES、RSA）。

5. 安全策略数据库

安全策略数据库用于存储与已建立的安全策略相关的状态、变量和指针信息。

(五) 安全策略的实现步骤

在开放式网络环境下，安全策略的实现步骤如下：

1. 获取必要的证书

为了与其他用户通信并建立安全合作，首先需要建立必要的信任关系。在互联网上，证书管理主要有两种模式：一种是 PEM 集中式层次 CA 管理模式，通过树形分层的 CA 结构分配和验证证书；另一种是 PGP 分散式 Web 管理模式，该模式没有固定的 CA，证书的信任关系是基于分散的个人，而不是依赖于某个组织。PGP 模式的结构类似于现有的互联网，但其安全性和可信度并不能完全保证。相比之下，PEM 模式能够提供完整的身份认证，但由于其组织结构的复杂性，目前还不适用于互联网这种大规模网络。目前，SSL、IPSec 等安全协议主要采用基于 PEM 的证书管理模式，证书格式为 X.509，通过 X.500 目录结构提供证书的存储和分配。从未来的发展趋势来看，PEM 证书管理模式有望被广泛采用。

2. 密钥协商和管理

在获取必要证书后，需要在通信的端系统之间建立共享的会话密钥。通常有两种方法：一种是采用基于 Diffie-Hellman 算法的密钥协商协议来建立共享密钥，这种方式的密钥使用范围有限，但其具备前向保密性（PFS）。该密钥是由双方协商产生的，因此无法用于数字签名。另一种方法是采用基于 RSA 公钥体制的密钥交换协议来建立共享密钥。在这种方法下，密钥的建立与身份认证通常是同步完成的。

3. 身份认证

身份认证主要用于数字签名和共享密钥的建立，以确保通信双方身份的真实性。

4. 安全协作的建立

通过特定的协作管理协议，通信双方协商采用的密钥管理方式、具体算法和安全策略的应用范围。安全协作包括密钥协商与管理、身份认证，不同用户、进程或主机之间可以建立各自不同的安全协作方式。

5. 安全的实现

在安全协作的基础上，进一步实施具体的安全策略。该实现可以在网络协议的各个层面上进行，每层的实现是相互独立的，但必须遵循统一的安全策略。用户在完成安全策略配置后，终端系统应能够自动完成证书获取、身份认证、密钥协商、建立安全协作及安全策略的具体实施等各个步骤。在此过程中，尽可能保留原有系统和网络特性，尤其是减少用户对安全实现细节的干预。在保证安全的前提下，尽量在网络协议的底层实现安全策略，这样做有以下两个优点：

① 安全策略的实现与上层应用程序无关，可以为不同的应用和服务提供安全保障，无须修改原有程序。

② 能够及时发现外来的攻击和破坏，减少不安全因素向上层传播，从而提高策略实施的效率。

第三节　计算机网络安全管理与评估标准

一、计算机网络安全管理

为确保计算机网络的安全与稳定运行，必须实施有效的网络管理。计算机网络安全管理的主要任务如下：

(一) 人员管理

在保障计算机网络应用系统安全性的问题上，除了技术的不断升级与完善，人员管理同样起着至关重要的作用。虽然技术的提升可以有效减少人为因素带来的安全隐患，但是人作为网络系统的操作主体，始终无法完全消除其潜在的风险。因此，在日常管理中，人员管理是确保网络安全的重要组成部分。针对机房、硬件设备、软件系统、数据、网络本身可能存在的安全问题，需要采取相关管理策略。

① 对工作人员进行安全教育，帮助工作人员树立更强的保密观念，增强其对数据泄露和安全漏洞的防范意识。网络安全不仅仅依赖于技术手段，还需要每一位工作人员在日常操作中严格落实各项安全规范，确保不会疏忽大意而导致安全隐患。

② 加强对业务能力和技术操作技能的培训。网络系统的管理和维护要

求相关人员具备较高的技术水平，以便在出现问题时能够及时准确地进行处理，减少安全事故的发生概率。通过定期开展培训，提高工作人员对系统操作的熟练程度，不仅能够有效防止操作失误导致的安全问题，还能在紧急情况下迅速做出正确反应，最大限度地降低安全风险。

③ 教育工作人员严格遵守各项操作规章和保密制度。各项规章制度的制定是为了防范人为失误造成的安全漏洞，因此要求工作人员在工作过程中始终保持高度的责任感和自律性，坚决杜绝不按规章制度操作的情况发生。同时，针对不同岗位的工作内容和职责，应建立起一套行之有效的考核与监督机制，确保每一位工作人员都能按照规范要求进行工作。

(二) 密钥管理

密钥管理是保障计算机网络安全的核心环节之一。目前，公认有效的密钥管理方法是由密钥分配中心（KDC，Key Distribution Center）进行集中管理和分配。在这个系统中，所有用户的公开密钥都由 KDC 统一管理和存储，而用户个人只需保存自己的私有密钥及 KDC 的公开密钥（PK）。当用户需要与其他用户进行通信时，可以通过 KDC 获取对方的公开密钥，以确保信息传输的安全性。

具体来说，当用户 A 希望与用户 B 进行加密通信时，用户 A 会向 KDC 发送请求，表示需要获取用户 B 的公开密钥。KDC 收到请求后，使用自己的私有密钥解密请求，从而了解用户 A 的需求。接着，KDC 会用私有密钥对用户 B 的公开密钥进行加密，并将其发送给用户 A。用户 A 收到加密信息后，使用 KDC 的公开密钥解密，从而获得用户 B 的公开密钥。此时，用户 A 就可以使用用户 B 的公开密钥进行加密通信，保证信息在传输过程中的安全性。

在实际应用中，KDC 的角色通常由各个局域网的服务器承担。所有用户的公开密钥会存储在一个经过加密处理的文件中。当某用户需要获取他人的公开密钥时，系统会根据该用户的身份信息进行判断，以决定是否授予其访问权限，从而进一步保障网络安全。

(三) 审计日志

计算机网络操作系统及网络数据库系统应具备完善的审计功能。生成的审计日志通常由网络管理人员负责定期检查。通过对审计日志的分析，管理人员可以及时掌握网络的性能状态及资源的运行情况，发现并纠正系统中的错误或潜在风险，以确保网络持续高效、稳定地运行。

(四) 数据备份

数据备份是提高网络系统可靠性的重要措施。网络管理人员应定期对系统中的重要数据进行备份，以应对系统瘫痪或突发故障时可能带来的数据丢失风险。定期的备份操作可以在系统修复后迅速恢复数据，将损失降到最低。

(五) 防病毒

防病毒是计算机安全的一项重要内容。防病毒工作的首要任务是加强防病毒意识，因此，每一位工作人员都应具备良好的防病毒观念，以降低病毒侵入的可能性。此外，还应当充分利用杀毒软件，及时清除已发现的病毒，防止病毒入侵导致系统故障或崩溃。

确保网络应用系统的安全是一个复杂的过程。网络管理人员必须清楚地认识到，网络安全没有绝对的保障，任何一种单一的网络安全技术都无法完全解决所有安全问题。因此，必须结合多种安全技术，采取综合防御措施，以最大限度地降低网络受到攻击的风险。同时，还需重视非技术因素的影响，如制定相关法规，提高网络管理人员和使用人员的安全意识，并设置切实可行的防范措施，以确保网络长期安全运行。

二、计算机网络安全评估标准

1983 年，美国国防部提出了一套《可信计算机系统评估标准》(Trusted Computer System Evaluation Criteria, TCSEC)，俗称"橘皮书"。该标准将计算机系统的可信级别，也即安全等级，划分为 4 大类 (D、C、B、A) 共 7 个小级别，其中 D 级的安全性最低，而 A1 级的安全性最高。评估标准包括从最基础的系统安全特性到最为先进的计算机安全模型技术。为了使《可信计算机系统评估标准》的评估方法适用于网络系统，美国国家计算机安全中心 (National Computer Security Center, NCSC) 于 1987 年发布了《可信网络解释》

（Trusted Network Interpretation，TNI），从网络角度对《可信计算机系统评估标准》的观点进行了阐释。《可信网络解释》明确了《可信计算机系统评估标准》中未涉及的网络和网络单元的安全特性，并详细说明了这些特性如何与《可信计算机系统评估标准》相互关联。

（一）D 级

D 级是安全性最低的等级，拥有这一级别的操作系统如同一座大门敞开的房子，任何人都可以随意进出，因此完全不具备可信性。在硬件层面，D 级系统缺乏任何保护机制，操作系统极易受到攻击和破坏。该系统没有对系统访问和数据访问的限制，用户无须账户即可进入系统，并可以在没有任何限制的情况下访问他人的数据文件。

属于这一等级的操作系统包括 DOS、Windows 和 Apple 的 Macintosh 7.1。

（二）C 级

C 级安全级别分为两个子级别：C1 和 C2。

1. C1 级别

C1 级别，又称为选择性安全保护系统，描述了一种典型用于 UNIX 系统的安全等级。此等级的系统对硬件提供了一定程度的保护，但硬件仍有可能面临损害的风险。用户通过注册账户和口令进行身份验证，系统据此判断用户是否合法，并决定其对程序和信息的访问权限。文件的所有者和超级用户可以更改文件的访问权限，从而对不同的用户授予不同的访问权。例如，文件所有者可以赋予自己读、写和执行的权限，给同组用户授予读和执行的权限，其他用户则仅能读取文件。此外，许多日常管理工作由根用户（root）负责，如创建新的用户组和用户账户。根用户拥有极大的权限，因此必须确保口令的安全性，不能让多人共享。

C1 级别的不足在于用户可以直接访问并操作系统的根用户。C1 级系统无法严格控制用户的访问权限，导致用户能够随意移动系统中的数据，甚至有可能获得超出系统管理员授权的权限，如修改用户名或更改系统配置。

2. C2 级

除了包含 C1 级的特性外，C2 级别还增加了访问控制环境。

该环境进一步限制了用户执行某些命令或访问特定文件的权限，并且增强了身份验证机制。系统会对所有事件进行审计，并将相关信息记录在日志中。例如，系统会记录开机时间、登录用户及其登录来源等信息。查看这些日志可以发现潜在的入侵痕迹，如多次登录失败可能表明有人试图强行进入系统。审计功能还可以追踪系统管理员的操作，并通过身份验证明确执行操作的用户。尽管审计功能增强了系统安全性，但它会消耗额外的处理器时间和磁盘空间。

C2 级系统通过附加身份验证，使普通用户也能执行部分系统管理任务，而不必拥有根用户权限。需要注意的是，这种身份验证与程序的 SGID 和 SUID 不同，它主要用于确认用户是否具备执行特定命令或访问核心表的权限。例如，当用户无权查看进程表时，执行 PS 命令时只能看到自己进程的信息。通过权限分级，系统管理员可以将用户划分为不同的组，授予他们对某些程序或目录的访问权限。

此外，用户权限可以根据个人设置，授权用户访问某一程序所在的目录。如果该目录中还包含其他程序或数据，用户将同时获得访问这些资源的权限。

能够达到 C2 级安全标准的常见操作系统包括：UNIX 系统、Novell 3.x 及更高版本、Windows NT 等。

(三) B 级

1. B1 级

B1 级被称为标志安全保护，这是支持多级安全的基础级别。在这个级别下，系统实行强制性访问控制，文件的拥有者无法随意更改其权限设置。B1 级的安全措施依赖于操作系统的具体实现，政府机构通常是采用 B1 级计算机系统的主要用户。

2. B2 级

B2 级，亦称为结构保护，要求计算机系统中的所有对象都必须进行标签标识，并为每个设备分配一个或多个安全级别。它是第一个涉及如何在不同安全级别的对象之间安全通信的级别，提出了更高的安全保护要求。

3. B3 级

B3 级，又被称为安全域级别，使用专门的硬件设备来增强域的安全性。

例如，内存管理硬件被用于保护安全域不受未授权访问或其他域对象的修改。B3 级还要求用户必须通过可信任的路径连接到系统以确保系统安全。

（四）A 级

A 级，也称为验证设计，是当前"橘皮书"中的最高级别。它包括严格的设计、控制和验证流程。与之前提到的各个级别类似，A 级涵盖了所有低级别的安全特性。该级别的设计必须通过数学验证，还要进行秘密通道和可信分布的深入分析。可信分布指的是硬件和软件在物理传输过程中已经受到保护，防止任何对安全系统的破坏。

第二章　计算机信息加密技术

第一节　信息加密技术实现原理

一、信息加密技术的发展历程

信息加密技术是一门融合了"古老"与"现代"的学科。加密通常指的是这样一个流程：密钥和加密算法将可读的明文转换为无法直接理解的密文；接收者需要使用解密密钥和算法，恢复出原始的明文。实际上，要实现保密的最基本方式是避免将信息泄露给其他人，因为知道"秘密"的人数越多，其泄露的风险也越大，甚至不再是秘密。

在古代，保密似乎更为简单，因为只有少数具备读写能力的人能理解书面文字。随着文化的普及，越来越多的人学会了读写，这就需要在这些人中间保持信息的保密性。

早期的加密手段较为初级，例如恺撒大帝便使用了一种基础的密码系统来加密他的信息，这种方法后来被称为"恺撒密码"。它是一种简单的替换密码，通过将字母表中的每个字母替换为其后的第三个字母来进行加密。例如，字母 A 被替换为 D，B 被替换为 E，以此类推，到字母 Z 则循环回到C。这种加密方法的一种变体是 ROT-13 密码，其中每个字母都被向后移动13 位。这种简单的替换加密方法有一个显著的弱点：相同的字母总是被相同的字母替换，只要分析语言的特定模式便可以推测出字母的移动距离。

在身份验证方面，古时候，如果某人能够阅读，那么签名便足以证明其身份。随着更多人掌握阅读和写作，印章成为验证身份的一种标识。然而，随着技术的进步，复制印章变得越来越容易，其独特性也随之降低。

进入近现代，密码学及其解码技术成为历史的重要组成部分。例如，20 世纪的德国政府使用了 Enigma 加密机来保护通信的安全。Enigma 加密机利用多个可配置的转轮来加密信息，每次通信使用其中三个。这些转轮覆盖了字母表中的全部字母，将每个输入的字母都转换成外表上看似随机的字符。Enigma 加密机的破解始于波兰，最终由英国完成。

从恺撒大帝时代到现今，通信技术一直在不断演进。从早期的信件到后来的电报、电话、传真，再到如今的电子邮件，人类的通信方式愈加便捷和普及。然而，伴随着通信方式的逐步发展，如何保障信息传输过程中的安全性也成为一个至关重要的议题。

通信安全的本质在很大程度上取决于所使用的通信媒介。媒介越是开放，信息被未授权者获取的风险就越高。现代通信通常依赖于开放且共享的媒介，例如，通过电话或者传真传递的信息往往会经过一个公共的"电路交换"网络，而电子邮件则会在一个共享的、基于包交换的网络中传输。这意味着，任何处于发送方与接收方之间的节点都有可能拦截和获取这些信息。因此，要在这种现代通信环境下保证数据的机密性，就需要采用某种形式的加密技术，以防止第三方在未授权的情况下获取信息。

现代加密技术的核心基础在于接收者掌握某种独有的信息或"秘密"。通常来说，解密过程所使用的算法是公开的，任何人都可以了解其工作原理，就像知道如何操作门锁一样。然而，真正用于解密的信息，即"密钥"，是机密的，只有授权的个体才拥有，就像门的钥匙并非所有人都能获取。同样，也存在一些加密系统依赖于非公开的算法，我们称之为"隐匿加密"。大多数研究者对这种封闭的系统持反对态度，因为其封闭性使得人们无法验证其加密强度或发现其潜在的漏洞，所以这样的系统往往缺乏透明性和信任度。例如，围绕"加密芯片"的争论就体现了这一问题。

信息加密技术包括多种手段，并不仅限于某一种单一工具。我们可以使用多种技术对信息进行加密、密钥交换、保持信息完整性及验证其真实性等。只有将这些技术整合在一起，才能够在当前开放的信息环境中提供足够的保密支持，确保信息在传输过程中不被篡改或窃取。

需要强调的是，"绝对安全"的通信手段并不存在。任何加密系统都存在一定的被破解可能性，评估这些可能性和潜在后果的严重程度是信息安全领域的一个重要任务。通常来说，加密方法的安全性取决于其算法的复杂性。例如，如果某种加密算法的复杂度是 2^{32} 次运算，那么在理论上意味着要破解该系统需要进行 2^{32} 次独立运算。尽管这一数字在一般情况下显得庞大，但对于现代高速计算机而言，这样的运算次数在短时间内便能完成。因此，这样的加密系统可能不足以提供真正的安全保护。基于此，信息安全领域通常采用"计算安全"的概念来评估加密系统的有效性。

二、信息加密的实现原理

加密的核心在于控制加密和解密过程中的关键性要素，这个要素就是"密钥"。密钥是通信双方必须保密的关键信息，它参与到加密算法的执行过程中，确保消息的安全传递。加密过程中的安全性在很多情况下取决于密钥的保密性，窃取或泄露密钥则会导致加密信息的泄密。因此，密钥在信息加密中往往成为窃密者和保密者关注的主要对象。

现代计算机网络中常用的加密方式主要有两种：对称密钥体系（又称单密钥或私钥体系）和非对称密钥体系（也称公钥或公开密钥体系）。选择何种加密算法并非单纯依赖加密的强度，还需要考虑实际的环境需求。例如，密钥的分配、加密的效率、与现有系统的兼容性及投入与产出的分析，都是影响算法选择的重要因素。因此，选择合适的加密方案是一个综合考虑的过程。

在非对称密钥加密体系中，核心原理建立在"单向函数"和"活门函数"的基础上。所谓的单向函数，指的是一个在某一方向上计算非常容易，但逆向计算则极其困难甚至不可能的函数。例如，计算两个数的乘积相对简单，但从乘积反推出原始因数非常困难。单向函数的一些变体在加密中广泛应用，尽管严格意义上还没有找到真正不可逆的单向函数，但现有的一些函数具有类似单向函数的特性。例如，模指数运算、因数分解问题、背包问题等，都是目前较为复杂且难以破解的加密技术应用基础。

在现代加密系统中，单向散列函数被广泛应用于身份验证和完整性校验。单向散列函数与单向函数有所不同，它接收一个可变长度的输入，并将其压缩成固定长度的摘要信息。相同的输入会产生相同的输出，但由于输出的长度固定，即使输入信息有细微变化，摘要也会发生巨大变化，从而确保难以通过改变输入来预测或重现摘要信息。

当前流行的单向散列算法包括 MD5、SHA 和 RIPEMD。尽管这些算法在生成摘要的长度、运算速度及抗冲突特性上存在差异，但它们都被广泛应用于信息安全领域。例如，MD5 生成 128 位长度的摘要，速度较快，但在抗冲突性上稍弱；SHA 家族中的 SHA-1 和 SHA-256 则生成 160 位和 256 位长度的摘要，相对更安全。

另一种常见但简单的加密工具是异或（XOR）函数。尽管它既不属于单向函数，也不是活门函数，但其在构建加密系统中起到了一定作用。XOR 运算的原理是，当两个相同的位（0 或 1）进行异或运算时，结果为 0，而不同的位进行异或运算时，结果为 1。一个关键特点是，XOR 运算具有可逆性，即用相同的密钥对数据进行两次 XOR 运算后，可以还原原始数据。这种加密方式虽然简单，但由于密钥和数据之间的直接关联，如果窃取到输入或输出，便可以轻松推导出密钥。

加密的核心目标是通过算法将明文（可读的原始信息）转换为密文（不可读的编码信息），再通过解密过程将密文还原为明文。加密算法的设计可以是对称的，也可以是不对称的。在对称加密中，密钥用于加密和解密的过程相同；而在非对称加密中，加密和解密使用不同的密钥，分别为公钥和私钥。

尽管对称加密和非对称加密算法的功能和设计原理有所不同，但它们都可以在通信双方之间确保信息的安全传输。对称加密算法的实现速度较快，因为它仅需一个密钥来完成加密和解密的双向操作。然而，这种算法也存在一个重大缺点：密钥分发和管理问题。在大型网络中，如何安全地将密钥分发给通信双方，并保证密钥不被泄露，是一个很大的挑战。

对称密钥加密技术是一种经典的加密方式。它的主要特点是使用同一个密钥完成信息的加密和解密过程。这种方法的优点在于速度快、算法实现相对简单，适合处理大量数据。但是，其安全性依赖于密钥的保密性。如果密钥被窃取，攻击者可以轻松破解加密信息。此外，密钥管理是一个难题，特别是在涉及大量用户的系统中，如何安全有效地分发和更新密钥，是对称加密面临的主要挑战。

为了进一步增强对称加密的安全性，常常结合使用数字签名技术。数字签名不仅能够验证消息的来源和完整性，还可以有效防止密钥被篡改或泄露。这使得对称加密与数字签名的结合成为一种更加安全的加密解决方案。

非对称加密算法解决了对称加密中的密钥分发问题。它通过两个密钥实现加密和解密——公钥和私钥。公钥可以公开，用于加密消息，而只有掌握私钥的人才能解密该消息。这样，非对称加密使得通信双方无须事先交换密钥，有效避免了密钥泄露的风险。然而，非对称加密的运算复杂度较高，处理速度较慢，不适合加密大规模的数据。因此，通常将非对称加密与对称加密结合，在密钥分发环节采用非对称加密，实际数据传输则采用对称加密。这样既可以确保安全性，又可以提高效率。

第二节　对称加密算法与非对称加密算法

一、对称加密算法

(一) 对称加密算法的基本原理

对称加密算法通过将明文数据转换为密文来保障信息的保密性。其加密模式通常分为"块加密"和"流加密"两种。块加密算法通常将输入信息分成多个固定大小的块进行处理。常见的块加密算法有 DES、3DES、CAST 和 Blowfish 等，它们一般以 64 位或更长的块大小为单位进行加密。每个块的处理即加密算法的"处理单元"。与块加密不同，流加密算法逐位或逐字节对输入数据进行处理。它先对密钥进行种子化处理，从而生成一个伪随机的位流 (或字节流)，该流与输入数据逐位或逐字节进行运算，最终生成密文。

无论是块加密还是流加密，它们都能够处理大量数据。块加密算法的工作模式多种多样，例如一种常见的模式是"电子密码本模式"（ECB）。在该模式下，每个明文块都使用相同的密钥独立加密成相应的密文块，因此对于相同的明文块，每次加密都会生成相同的密文。这种一致性使得 ECB 模式较易受到已知明文攻击：攻击者可以建立一个包含所有可能明文块及其对应密文块的"密码本"来推断密钥。这也是为什么单独使用 ECB 模式在实际应用中并不安全的原因之一。

在实际的加密过程中，输入数据的长度不一定是密码块长度的整数倍，因此在块加密中通常需要对输入数据进行填充操作。例如，若块长度为 64

位，而最后一个输入块仅为48位，则需要添加16位的填充数据，使其达到完整的块长度，然后再执行加密操作。

"加密块链接模式"（CBC）是将前一个密文块与当前明文块进行 XOR 运算，然后再对结果进行加密。对于第一个明文块，它会与一个初始化向量（IV）进行 XOR 运算。IV 必须具备良好的伪随机性，以确保相同的明文不会生成相同的密文，从而增强安全性。在解密时，每个密文块先被解密，再与前一个密文块进行 XOR 运算以还原成明文。解密第一个块时，则会与 IV 进行 XOR 运算。CBC 模式通过引入前一个密文块的依赖性，有效防止了相同明文块产生相同密文的问题。

另一种常见的模式是"加密回馈模式"（CFB）。在 CFB 模式中，前一个密文块被加密，然后与当前的明文块进行 XOR 运算，生成当前密文。第一个明文块则直接与 IV 进行 XOR 运算。CFB 模式下的加密过程类似于流加密模式，可以逐字节或逐位进行操作，因此适合实时数据加密的应用场景。

此外，还有"输出回馈模式"（OFB）。OFB 模式会维持一个内部的加密状态，该状态不断被加密，再与明文进行 XOR 运算，最终生成密文。初始加密状态由 IV 决定，并在加密过程中不断更新。这种模式的特点是每个密文块都仅与当前的加密状态相关，而不会依赖于前一个密文块，从而避免了因为某个密文块损坏而影响后续块解密的风险。

（二）DES 算法实现

数据加密标准（DES）是一种应用广泛的对称密钥加密算法。该算法由 IBM 在 1975 年发明并对外公开，随后在 1976 年被批准为美国政府的加密标准。DES 广泛用于 POS 终端、ATM 机、磁卡和智能卡（IC 卡）、加油站、高速公路收费系统等，来保障重要数据的安全性。例如，信用卡持卡人密码（PIN）的加密传输、IC 卡与 POS 设备之间的双向身份认证，以及金融交易数据包的 MAC 校验等应用场合，都依赖 DES 算法来实现数据加密。

DES 算法因其高效的加密和解密速度被广泛接受。根据 RSA 实验室的研究，DES 算法在完全由软件实现的情况下，其速度至少比 RSA 算法快 100 倍；而在硬件中实现时，DES 的加密速度甚至能比 RSA 快 1000 到 10000 倍。这是因为 DES 利用了 S 盒（选择盒），即一组高度非线性的函数，来执行其核心加密和解密操作。S盒本质上是一个查表操作，相较于RSA算法需要处理极大的整数运算，DES显得更为简单和快速。

DES的加密和解密使用相同的算法，密钥长度为64位，其中56位为有效密钥位，剩余8位用于校验。美国国家标准与技术研究院（NIST）曾授权DES为美国政府的加密标准，不过该标准仅适用于加密"机密级以下"的信息。尽管DES算法曾被认为非常安全，但随着技术的发展，已发现有办法可以对其进行破解。

破解DES的常见方法是通过穷举搜索整个密钥空间来进行攻击。DES拥有56位的有效密钥空间，这意味着存在2^{56}种可能的密钥。假设每秒可以测试100万个密钥，那么穷举搜索整个密钥空间可能需要2000年。然而，实际上已经有人成功破解了DES。一个由互联网用户组成的小组在参与RSA的DES挑战时，通过分布式计算合作，在四个多月内找到了正确的密钥。他们成功破解该算法的方式是利用"强力攻击"，即通过多台计算机协作搜索所有可能的密钥空间。这个小组最终发现了正确的密钥，完成了挑战。这次破解展示了强力攻击作为破译DES的一种通用方法。尽管有些加密分析技术可以将所需测试的密钥数量减少到2^{47}个，但这仍然需要相当大的计算资源。如果DES的密钥长度超过56位，那么则几乎不可能通过这种方法破解。

下面我们详细分析一下DES的处理过程。

DES数据加密算法输入的是64位的明文，在64位的密钥控制下，通过初始换位IP变成$T_0=IP(T)$，再对T_0经过16层的加密变换，最后再通过逆初始变换得到64位的密文。密文的每一位都由明文的每一位和密钥的每一位联合确定。DES的处理过程包括加密过程和解密处理，其中DES的加密过程可分为加密处理、加密变换和子密钥生成三个部分。

1. 加密处理

（1）初始变换

加密处理首先要对64位的明文的初始换位表IP进行变换。表中的数值表示输入位被置换后的新位置。例如：输入的第58位，在输出时被置换到第1位；输入的第7位，在输出时被置换到第64位。

（2）加密处理

换位处理的输出，中间要经过 16 层复杂的加密变换。初始换位的 64 位的输出成为下一步的输入，此 64 位分成左、右两个 32 位，分别记为 L_0 和 R_0，从 L_0、R_0 到 L_{16}、R_{16}，共进行 16 轮加密变换。

（3）最后换位

进行 16 轮的加密变换之后，将 L_{16} 和 R_{16} 合成 64 位的数据，再按最后换位表进行换位，得到 64 位的密文，这就是 DES 加密的结果。

2. 加密变换

在 DES 算法中，其他部分都是线性的，而 $f(R, K)$ 变换是非线性的，因此可以产生强度很高的密码。

32 位的 R 先按扩展换位进行扩展换位处理，得到 48 位的 R_1。将 48 位的 R_1 和 48 位的密钥 K 进行异或运算，并分成 6 位的 8 个分组，输入 $S_1 \sim S_8$ 的 8 个 S 盒中，$S_1 \sim S_8$ 称为选择函数，这些 S 盒输入 6 位，输出 4 位。

一个 S 盒中具有四种替换表（用行号 0、1、2、3 表示），究竟采用哪一行，要通过输入的 6 位的开头和末尾 2 位选定，然后按选定的替换表将输入的 6 位的中间 4 位进行代替。

3. 子密钥生成

下面说明子密钥 $K_1 \sim K_{16}$ 的 16 个子密钥的生成过程，在 64 位的密钥中包含了 8 位的奇偶校验位，所以密钥的实际长度为 56 位，而每轮要生成 48 位的子密钥。

输入的 64 位密钥，首先通过压缩换位（PC-1）去掉校验位，输出 56 位的密钥，每层分成两部分，上部分 28 位为 C_0，下部分为 D_0。C_0 和 D_0 依次进行循环左移操作生成了 C_1 和 D_1，将 C_1 和 D_1 合成为 56 位，再通过压缩换位（PC-2）输出 48 位的子密钥，再将 C_1 和 D_1 进行循环左移操作和 PC-2 压缩换位，得到子密钥 K_2……以此类推，就可以得到 16 个子密钥。要注意的是，在生成子密钥的过程中，L_1、L_2、L_9、L_{16} 是循环左移 1 位，其余都左移 2 位。

4. 解密处理

从密文到明文的解密处理过程可采用与加密完成相同的算法。不过，解密要用加密的逆变换，也就是把上面的最后换位表和初始换位表完全倒过来变换，即第 1 次用第 16 个子密钥 K_{16}，第 2 次用 K_{15}……以此类推。在各层的变换中，如果采用与加密时相同的 K_n 来处理就可实现解密。具体来说，输入 DES 算法中的密文，经过初始换位得到 L_{16} 和 R_{16}，第 1 层处理时的密钥是逆序的，用 K_1 求出 L_{15} 和 R_{15}，然后用 K_{15} 求出 L_{14} 和 R_{14}，以此类推即可完成解密处理。

(三) 其他对称加密算法

1. 国际数据加密算法

国际数据加密算法（IDEA）是最安全、最优秀的加密算法之一。该算法由上海交通大学教授来学嘉和瑞士学者 James Massey 设计。IDEA 采用三个 64 位块操作，进一步增强了对加密分析的抵抗力。该算法使用密码反馈操作，从而提高了加密的强度。在这种模式下，密文的输出还会用作加密过程中的输入。

IDEA 的另一个显著特点是其 128 位的密钥长度。与 DES 类似，密钥长度越大，加密强度越高。IDEA 在被尝试破解时，像 DES 一样，未暴露出任何明文的组成信息。通过这种算法，单个位的明文可以扩散到多个密文位中，从而有效隐藏了明文的统计特征。

2. CAST 算法

CAST 算法由 Carlisle Adams 和 Stafford Tavares 设计。该算法采用 64 位块和 64 位密钥进行加密操作。它使用了六个 8 位输入和 32 位输出的 S 盒。

CAST 加密的基本过程是将明文块分为左、右两个子块。算法包含八轮运算，每轮中，左子块的一半通过 f 函数与某个密钥组合，结果再与右子块进行异或运算。然后，左子块变为新的右子块，而原来的右子块变为新的左子块。经过八轮这样的运算后，最终的输出就是加密后的密文。这个过程相对简单、操作明确。

3. Skipjack 算法

Skipjack 算法是由美国国家安全局（NSA）为 Clipper 芯片开发的一种加密算法。由于该算法被归类为美国政府机密，其详细信息公开较少。但可以明确的是，Skipjack 是一种对称密钥算法，采用 80 位密钥，并且加密和解密过程需要进行 32 轮运算。该算法的 80 位密钥长度意味着其拥有 2^{80} 或更多种可能的密钥组合，从而需要约 4000 亿年才能完全穷尽所有密钥的可能性。

Skipjack 算法在 Clipper 芯片中采用了双密钥机制。任何掌握"主密钥"的人都能够解密由该芯片加密的所有信息，这意味着在必要情况下，NSA 理论上能够利用"主密钥"破解所有基于 Clipper 芯片的加密信息。这种为算法保留后门的方法称为第三方密钥。

每块 Clipper 芯片内有一个独一无二的 80 位单元密钥（KU）。拥有 KU 可以解开所有经由这块芯片产生的密文。KU 分为两个子密钥 K_{U1} 和 K_{U2}，这两个子密钥分别交由两个独立的可信任的机构保存。此外，每块芯片内还有一个 80 位的族密钥（KF）和一个序列号（UID）。

在进行秘密通信之前，双方先商定一个 80 位的会话密钥（KS）。双方的通信内容用 KS 来加密。除传输密文外，每次通信时，另有一段所谓的"执法访问区"（LEAF）也会传给对方。LEAF 的构成是将会话密钥（KS）用单元密钥（KU）加密之后，再会同芯片的序列号（UID）及一串认证码，以族密钥（KF）将其全部加密。密文接收者首先对 LEAF 解密，验证其中的认证码以鉴别密文的真伪，其次用会话密钥解开密文。执法机关要解开此密文时，先用 KF 解开 LEAF，得到芯片的序列号的两个子密钥 K_{U1} 和 K_{U2}，这样就能解开密文。

二、非对称加密算法

非对称加密算法需要使用两个密钥，一个是公开密钥，另一个是私密密钥。一个密钥负责加密（编码），另一个则用于解密（译码）。在只知公开密钥的情况下，无法推导出私密密钥。因此，根据先前的定义，非对称密钥算法被认为是"计算安全"的，而优良的非对称加密算法通常基于单向函数的原理。

通常认为，非对称加密算法是由 Whitfield Diffie 和 Martin Hellman 发明的，详细内容可参考他们的论文《密码学新方向》（*New Directions in Cryptography*），该论文发表于 1976 年。英国政府的通信电子安全小组（CESG）公开了一些文件，显示其密码学专家在 1970 年便提出了相关概念。James Ellis 在当年撰写了一份 CESG 内部报告，题为《保证不安全的数字加密的安全可能》，讨论了这一理论的可行性。然而，尽管英国政府的文件公开较晚，但 Diffie-Hellman 论文的发表仍然是一个重要的里程碑，对加密领域的影响远超过这些推迟了 20 多年才公布的文献。

（一）RSA 算法

当前应用最广泛的非对称加密算法是 RSA，该算法以其发明者 Ron Rivest、Adi Shamir 和 Leonard Adleman 的名字命名。RSA 的核心在于大质数乘积的因数分解非常困难，从而保证了加密的安全性。RSA 的一个关键特点是，在两个密钥中，一个用于加密数据，另一个则用于解密。这意味着任何人都可以使用密钥持有者的公钥加密信息，而只有该持有者能够使用其私钥进行解密。相反，密钥持有者也可以用自己的私钥加密数据，任何人使用其公钥都能解密。这个机制在数字签名中具有重要作用。

尽管 RSA 算法具有很强的安全性，但其运行速度较慢，且只能处理与密钥模数大小相等或更小的数据。例如，一个 1024 位的 RSA 公钥只能加密小于或等于该长度的数据（实际上最多可以处理 1013 位，因为 RSA 加密时需要预留 11 位用于编码）。因此，RSA 并不适合大规模数据加密，但在密钥交换和数字签名等场合中非常有效。

（二）El-Gamal 算法

El-Gamal 算法是另一种常用的非对称加密算法，其名称源于其发明者。El-Gamal 加密系统基于"离散对数问题"，其理论基础来源于 Diffie-Hellman 密钥交换算法。这种算法允许通信双方通过公开的通信方式生成只有他们自己知道的私有密钥。然而，El-Gamal 的主要缺点在于其密文长度是明文的两倍，这对于已经高负荷的网络来说是一个显著的不足。另外，与 RSA 相比，El-Gamal 在应对中间人攻击时表现出较大的脆弱性。

此外，常见的公共密钥加密算法还包括背包算法、Rabin 算法及椭圆曲线加密算法（ECC）等。由于篇幅限制及理论知识的复杂性，本节不对这些算法展开讨论。

第三节　信息摘要算法与数字签名

一、信息摘要算法分析

信息摘要（MD）算法，又称为哈希算法，能够对任意输入的信息进行处理，生成一个长度为128位的"信息摘要"或"指纹"。理论上，不同的输入信息应生成唯一的摘要，即不能出现相同的摘要结果。

信息摘要算法的产生是基于非对称密钥体系的发展。随着 RSA 的问世，数字签名成为可能，但由于 RSA 计算效率较低，难以广泛应用。为了解决这一问题，RSA 的发明者之一，麻省理工学院的 Ron Rivest 教授提出了信息摘要算法 MD。由于 MD 被应用于商业安全产品，最初并未公开发表。随后，Rivest 教授又设计了 MD2。接着，Xerox 的 Merkle 于1990年推出了一种新的信息摘要算法 SNEFRU，其计算效率比 MD2 高出数倍。这一进展推动了 Rivest 对 MD2 进行改进，推出了效率更高的 MD4。虽然 SNEFRU 于1992年被破解，即可以为一个摘要生成两个不同的输入，但是 MD4 也发现了若干弱点，因此 Rivest 进一步优化了 MD4，推出了 MD5，虽然安全性增强了，但效率有所降低。此外，美国国家标准与技术研究院（NIST）提出了另一种信息摘要算法 SHA，强度超过 MD5，但计算效率较低。以下对几个常用的信息摘要算法进行简要分析。

（一）MD5 算法

MD5 是 MD 算法的最新版本，由 RSA Data Security 公司提出，属于安全哈希算法。MD5 是一种广泛应用的散列函数算法，曾被认为非常安全。然而，2004年8月17日在美国加利福尼亚圣芭芭拉召开的国际密码学会议上，山东大学的王小云教授展示了她对 MD5、HAVAL-128、MD4 和 RIPEMD 算法的破译研究。她的研究成果是密码学领域近年来的重要突破。

王小云教授发现，MD5 算法存在快速找到"碰撞"的可能性。这意味着在网络上使用电子签名签署合同后，可能还存在另一份内容不同但签名相同的合同，使得合同的真实性难以确认。这一研究表明，MD5 算法的"碰撞"问题对信息系统安全构成了严重威胁，导致现有电子签名的法律效力和技术框架受到挑战。

尽管如此，在现阶段技术条件下，找到一种综合性能优于 MD5 的替代算法仍然具有很大难度，因此对 MD5 算法进行介绍是必要的。

1. MD5 算法原理

MD5 算法将需要处理的文件划分为 512 位的分组，每个分组再细分为 16 个 32 位的子分组，并初始化四个 32 位变量 A、B、C 和 D。最终的输出由四个 32 位变量组成，连接后形成一个 128 位的散列值。MD5 对文件进行摘要的过程如下：

① 首先对文件进行填充，使其长度满足模 512 余 448 位的要求。填充的规则是，第一位填充 1，其余填充 0。

② 在填充部分后添加文件的原始长度（未填充前），该长度为 64 位，使文件总长度达到 512 的整数倍。

③ 初始化四个 32 位的变量 A、B、C、D，初始值分别为 A=0×1234567，B=0×89abcdef，C=0×fedcba98，D=0×76543210。

④ 进入算法的主循环。循环的次数取决于文件中 512 位分组的数量。每次主循环分为四轮操作，每轮执行 16 次运算。在每次主循环中，首先将 A、B、C、D 复制到临时变量 a、b、c、d 中。每次操作会对 a、b、c、d 中的三个变量执行非线性函数运算，并将结果与第四个变量、文件中的一个子分组和一个常数相加，结果再向左移若干位，然后与 a、b、c、d 中的一个相加，最后替代 a、b、c、d 中的一个。

⑤ 主循环结束后，将 A、B、C、D 分别与 a、b、c、d 相加，并用下一分组的数据继续执行算法，最终输出 A、B、C、D 的级联结果。

2. MD5 算法的应用

MD5 算法可以用于设计文件完整性检测程序。通常情况下，为了判断数据文件是否被非法篡改，可以采用比较文件长度和修改时间等方式。然而，这些方法存在局限性：如果攻击者只替换了文件中某些内容而保持文件大小不变，那么仅通过比较文件长度无法察觉文件已被修改；同样，当入侵者篡改了系统时间后，利用文件的修改时间进行判断也无法识别出文件的变化。而使用单向散列函数能够有效弥补这些不足。将单向散列函数应用于数据文件可以生成一个固定的散列值，文件的任何细微更改都会导致散列值发生变化，从而能够检测出文件是否被篡改。

为了便于应用，MD5算法被封装成一个易于使用的程序。在程序运行时，只需通过文件对话框选择要检测的目标数据文件，即可自动将相关文件备份到指定的磁盘中。备份时，系统会将需要检测的数据文件名，生成的数字摘要，以及备份文件的磁盘符、路径和文件名一并记录到数据表中，以便后续的检测使用。

在进行文件完整性检测时，系统会按照设定的时间间隔（如每隔半小时）对数据表中的文件进行轮询，并计算当前文件的数字摘要值。然后将该值与数据表中原始数字摘要值进行比对，以判断文件是否发生了修改。一旦发现文件改动，系统将立即发出警报，并通过备份盘上的文件进行恢复操作。这样可以有效地防止文件被篡改后导致的数据损失和系统风险。

（二）其他信息摘要算法

1. 安全哈希算法

安全哈希算法（SHA）是一类加密哈希函数，旨在将任意长度的输入数据转换成固定长度的输出值，通常称为"哈希值"或"摘要"。它广泛应用于数据验证、数字签名、密码学和区块链技术中。

SHA系列算法由美国国家安全局（NSA）设计，并由美国国家标准与技术研究院（NIST）发布。常见的SHA算法包括SHA-1、SHA-256、SHA-512等，其中SHA-256和SHA-512常用于现代密码学中，因为SHA-1已被证明存在碰撞漏洞。

哈希算法的主要特点是：输入数据即使微小变化，也会导致哈希值产生显著变化，且无法从哈希值逆推输入数据。这使得SHA算法非常适用于数据完整性验证和密码存储。比如，在数字签名中，数据的哈希值会被加密，接收方通过验证哈希值来确保数据未被篡改。

2. HMAC算法

HMAC（基于RFC2104）由IBM的H.Krawczyk等人于1997年提出，是一种利用对称密钥K和单向函数H（如MD5或SHA-1）生成信息鉴别码的算法。其特点在于直接使用现有的单向函数，而其计算效率和安全性取决于选用的单向函数，且密钥与函数的管理较为简便。

设 B 为信息块长度，L 为单向函数输出长度，单位均为字节。HMAC 的密钥长度不受限制，但若超过 B，则通过 H 函数压缩至 B; K 的长度不应小于 L，否则会削弱单向函数的安全性。

HMAC 的计算效率较高，但这些预设值需与密钥同样严密保护。鉴别过程无后效性，即使所用的单向函数被攻破，已完成的鉴别结果也不受影响，但后续的信息鉴别需要更换新的单向函数。这一特性与加密函数不同。

二、数字签名的应用

(一) 数字签名概述

1. 数字签名的概念

为了确保信息安全不被篡改，存在多种技术手段，例如加密技术、访问控制技术、认证技术和安全审计技术等。然而，大多数技术仅能起到预防作用，一旦信息被攻破，它们难以保障信息的完整性。文件加密主要解决了传输过程中的保密性问题，但要防止文件被篡改并验证发送者的身份，还需要额外的手段，即数字签名。在电子商务的安全体系中，数字签名技术具有关键作用，用于提供源鉴别、完整性及不可否认性等安全服务。一个完整的数字签名系统应具备发送方无法否认其签名、其他人无法伪造，并且能够在第三方公证下验证签名真伪的功能。那么，什么是数字签名技术？它具有什么特别的功能？

在数字签名技术兴起之前，曾出现过一种被称为“数字化签名”的技术。它通过在手写板上签名，然后将签名图像嵌入电子文档中。然而，这种签名方式极易被复制和粘贴到其他文档中，因而缺乏安全性。

数字签名技术与传统的数字化签名完全不同。数字签名与用户的姓名或手写签名形式无关，而是依赖信息发送者的私有密钥对传输信息进行变换。对于不同的文档，发送者的数字签名各不相同。未经私有密钥授权，任何人都无法复制签名。从这个角度看，数字签名是通过单向函数处理报文而生成的字母数字串，用于验证报文的来源并确认其是否被修改。数字签名的主要功能在于鉴别文件或通信的真实性。传统上，人们通过在文件上签名或盖章来完成这一功能，以证明文件的合法性、生效性和核准性；数字签名则确保信息在传输过程中保持完整，并确认发送者的身份。

2. 数字签名技术的工作原理

数字签名技术的工作原理是：发送方首先对信息进行数学变换，使变换后的信息与原信息具有唯一对应关系；接收方则通过逆向变换恢复原始信息。只要采用的数学变换方法足够严密，变换后的信息在传输过程中就会具备很高的安全性，难以被破解或篡改。这一过程称为加密，而对应的逆向变换则被称为解密。

目前，存在两种主要的加密技术。第一种是对称加密，双方共享同一个密钥，只有在双方都知道密钥的情况下才能进行加密和解密操作。这种技术通常适用于封闭环境，比如在自动取款机（ATM）使用时，用户需要输入用户识别码（PIN），银行验证后双方基于密钥完成交易。然而，当用户数量增加到一定程度，超出管理能力时，对称加密的机制便不再适用。第二种是非对称加密，这种加密方式由一对密钥构成，即公有密钥和私有密钥。发送方使用私有密钥进行加密，而接收方则用公有密钥解密。由于无法从公有密钥推导出私有密钥，即使公有密钥被公开，也不会影响私有密钥的安全性。公有密钥可以自由传播，而私有密钥必须严格保密，若有遗失，需及时向鉴定中心和数据库报告。

当前的数字签名技术依赖于非对称密钥体系，是公钥加密技术的另一种应用形式。其主要操作流程为，发送者首先从报文内容中生成一个128位的哈希值（或称报文摘要）。其次，发送者使用自己的私钥对该哈希值进行加密，形成发送者的数字签名。该数字签名将作为报文的附件，与报文一起发送给接收者。接收者收到报文后，会从原始报文中计算出相应的128位哈希值（报文摘要），再用发送者的公钥解密报文中附加的数字签名。如果两个哈希值一致，接收者便能确认该数字签名确实是由发送者生成的。通过这种方式，数字签名能够实现对报文来源的验证。

在纸质文件上签名通常用于确认文件的真实性，具有两重意义：一是签名者难以否认已签署的文件，从而确认文件的签署事实；二是签名难以被伪造，因此能保证文件的真实性。数字签名与传统纸质签名类似，它同样能保证以下两点：一是信息由签名者发出；二是信息自发出至接收期间未经过任何修改。由此，数字签名可以有效防止电子信息被篡改、冒用他人名义发送信息，或者发送后否认曾发出等问题的发生。

3. 数字签名算法

（1）Hash 签名

Hash 签名不是一种计算资源消耗过大的算法，因此应用范围较为广泛。很多小额支付系统，如 DEC 的 Millicent 和 Cyber Cash 的 Cyber Coin，都采用了 Hash 签名。它能够有效降低服务器的资源使用，减轻中心服务器的压力。然而，Hash 签名的主要局限在于接收方必须持有用户密钥的副本来验证签名。由于双方都知晓生成签名的密钥，这使得系统更易受到攻击，存在伪造签名的风险。如果中心服务器或用户的计算设备被攻破，系统的安全性就会受到威胁。

Hash 签名是最常用的数字签名方式之一，也被称为数字摘要法或数字指纹法。不同于 RSA 数字签名的单独签名模式，这种方式将数字签名与传送的信息紧密结合在一起，尤其适合电子商务活动。在这种方式下，商务合同的具体内容与签名同时传递，相较于合同和签名分开发送的方式，增强了可信度和安全性。

数字摘要加密法又称为安全 Hash 编码法（SHA）或 MD5，由 Ron Rivest 设计。该算法使用单向 Hash 函数，将需要加密的明文"摘要"成一串 128 位的密文，这串密文也称为数字指纹，具有固定的长度。不同的明文生成的摘要是唯一的，因此，这串摘要就成为验证明文真实性的"指纹"。

（2）DSS 和 RSA 签名

DSS 和 RSA 都使用公钥算法，不受 Hash 签名的限制。RSA 是最广泛应用的加密标准之一，很多产品的核心部分都内置了 RSA 的相关软件和类库。早在互联网高速发展之前，RSA 数据安全公司就已经负责将数字签名软件集成到 Macintosh 操作系统中，并且在 Apple 的 PowerTalk 协作软件中加入了签名拖放功能。用户只需将要加密的数据拖到相应图标上，便可以完成电子形式的数字签名。RSA 还与 Microsoft、IBM、Sun 和 Digital 签署了许可协议，使这些公司的产品线中也集成了类似的签名功能。与 DSS 不同，RSA 既可以用于加密数据，也能进行身份验证。在公钥系统中，与 Hash 签名相比，由于生成签名的密钥只存储在用户的设备中，其安全性相对较高。

RSA 及其他非对称密钥算法的一个重要优点是不存在密钥分配的难题。

随着网络复杂度和用户数量的增加，这一优点更加突出。非对称加密使用两个不同的密钥：一个是公开的公钥；另一个是用户持有的私钥。公钥可以放在系统目录、未加密的电子邮件、电话黄页或公告板上，任何网络用户都可以获取公钥。而私钥是用户独有的，用户可用它来解密通过公钥加密的信息。

在 RSA 算法中，数字签名技术实际上是通过一个哈希函数实现的。数字签名的特点是它能够反映文件的特征，一旦文件发生任何变动，数字签名的值也会随之改变。不同文件会生成不同的数字签名。最简单的哈希函数是将文件的二进制码累加，并取其最后几位。发送双方对哈希函数的使用是公开的。

DSS 数字签名由美国政府制定并推行，因此主要用于与美国政府有商务往来的公司，其他公司较少采用。DSS 只用于数字签名系统。此外，美国政府并不鼓励使用任何会削弱其监控能力的加密软件，认为这符合其国家利益。

4.数字签名功能

在传统的商业系统中，契约责任通常通过亲笔签名或印章来确认。而在电子商务环境下，传输的文件则依靠数字签名来证明双方身份和数据的真实性。数据加密是保护数据的基本手段。

数字签名能够有效解决否认、伪造、篡改和冒充等问题，具体要求包括：发送方无法否认自己曾签署报文，接收方能够验证发送方的签名，接收方无法伪造发送方的签名，接收方也不能对报文内容进行部分篡改。此外，网络中的用户不能冒充他人身份作为发送方或接收方。数字签名的应用范围广泛，是确保电子数据交换安全的一个重要突破。凡是涉及用户身份验证的场景，如加密邮件、商业通信、订购系统、远程金融交易、自动化流程等，都可以应用数字签名。

（二）数字签名实现

目前，数字签名的实现方法多种多样，常用的是基于非对称加密算法的技术。较为广泛的技术包括 RSA 公司制定的 PKCS（公钥密码学标准）、数字签名算法、X.509 标准及 PGP。1994 年，美国国家标准与技术研究院

（NIST）发布了数字签名标准（DSS），从而推动了公钥加密技术的广泛应用。

1.用非对称加密算法进行数字签名

非对称加密算法使用一对密钥：公钥和私钥。这两个密钥分别用于加密和解密操作。如果数据通过公钥加密，则只有对应的私钥才能解密；如果数据通过私钥加密，则只有相应的公钥能够解密。数字签名的生成和验证过程如下：

发送方首先使用公开的单向函数对报文进行转换，生成数字签名。然后，发送方利用其私钥对该数字签名进行加密，并将其附加在报文之后一起发送。接收方则使用发送方的公钥对数字签名进行解密操作，获取签名的明文。发送方的公钥由一个可信的验证机构颁发，以确保其可信度。

接收方对解密得到的明文再使用单向函数计算，生成自己的数字签名，并将其与解密得到的签名进行比较。如果两者一致，则证明签名有效，否则为无效签名。

这种方法的优势在于，任何持有发送方公钥的人都能验证数字签名的有效性。而由于发送方私钥的保密性，接收方可以基于验证结果拒收篡改的报文，且无法伪造或修改报文签名。数字签名对整个报文进行处理，生成一组固定长度的代码，针对不同的报文将生成不同的签名。

2.用对称加密算法进行数字签名

对称加密算法的特点是加密和解密所用的密钥相同，或者即使不同，也能够轻易通过一个密钥推导出另一个。在这种算法中，加密和解密双方使用的密钥必须严格保密。由于其加密速度较快，该算法广泛应用于对大量数据的加密。

Lamport 设计了一种称为 Lamport-Diffie 的对称加密算法，用以生成和验证签名。该算法通过一组长度为报文比特数（n）的两倍的密钥 A，来生成签名的验证信息。随机生成 $2n$ 个数 B，并通过签名密钥对这组数进行加密，得到另一组 $2n$ 个数 C。签名和验证过程如下：

在签名生成过程中，发送方从报文分组 M 的第 1 位开始，逐位检查。当 M 的第 i 位为 0 时，选择密钥 A 的第 i 位；当 M 的第 i 位为 1 时，选择密钥 A 的第 $i+1$ 位，直到所有报文位检查完毕。选取的 n 个密钥位最终构成数字签名。

在验证过程中，接收方同样从报文的第1位开始逐一检查。当 M 的第 i 位为 0 时，接收方推断签名中的第 i 组信息对应密钥 A 的第 i 位；当 M 的第 i 位为 1 时，则对应密钥 A 的第 $i+1$ 位。完成全部检查后，接收方得到 n 个密钥。由于接收方拥有验证信息 C，便可以使用这些密钥来验证报文是否为发送方所发。

这种逐位签名的方法具有较高的安全性，因为只要报文中的任意一位发生变化，接收方就无法生成正确的签名。不过，该方法的一个缺点是签名长度较长。为减少签名的长度，可以先对报文进行压缩再签名。此外，签名密钥及对应的验证信息不能重复使用，否则会带来极大的安全风险。

3. 加入数字签名和验证

在公开网络上，只有加入数字签名与验证，才能确保传输的安全性。具体的文件传输过程如下：

① 发送方使用哈希函数生成文件的数字签名，并利用非对称密钥体系，使用发送方的私有密钥对数字签名进行加密。加密后的数字签名被附加在原文后，形成要传输的完整文件。

② 发送方使用自己的私有密钥对文件进行加密，并通过网络将加密后的文件传输给接收方。

③ 发送方再利用接收方的公有密钥加密私有密钥，并将加密后的私有密钥通过网络传输给接收方。

④ 接收方接收到私有密钥后，使用其私有密钥对密钥信息进行解密，获得文件解密所需的私有密钥。

⑤ 接收方用获得的私有密钥解密文件，取出其中的加密数字签名。

⑥ 接收方利用发送方的公有密钥对数字签名进行解密，得到明文数字签名。

⑦ 接收方使用同样的哈希函数重新计算签名，与解密得到的数字签名进行比对。如果两者一致，表明文件在传输过程中未被篡改。

如果第三方试图冒充发送方发送文件，由于接收方会使用发送方的公有密钥解密签名，除非第三方掌握了发送方的私有密钥，否则其生成的数字签名必然与计算所得的不符。因此，这一机制提供了可靠的发送方身份验证。

安全的数字签名机制能够帮助接收方确认文件的真实来源。签名私钥只有发送方掌握，他人无法伪造，因此发送方也无法否认其发送行为。

数字签名的加密解密过程与私有密钥加密解密虽然都使用非对称密钥体系，但其原理是相反的，且所用的密钥对不同。数字签名使用发送方的密钥对，发送方用私有密钥加密，接收方用公有密钥解密，这是"一对多"的关系：任何拥有发送方公有密钥的人都可以验证签名。而私有密钥加密解密使用的是接收方的密钥对，即"多对一"的关系：任何人只要拥有接收方的公有密钥，都可以加密信息并发送给接收方，而只有拥有接收方私有密钥的人才能解密信息。在实际应用中，通常用户会持有两对密钥，一对用于数字签名的加密解密，另一对用于私有密钥的加密解密。这种机制提供了更高的安全保障。

第四节　密钥管理与交换技术

一、密钥管理技术

密钥是加密系统中可变的部分，类似于保险柜的钥匙。现代加密技术普遍使用公开的加密算法，系统的安全性完全依赖于密钥的保护。在计算机网络环境下，由于存在众多节点和用户，需求的密钥数量巨大。如果没有一套完善的密钥管理机制，其潜在的风险显而易见。密钥一旦丢失或泄露，可能会引发严重的后果。因此，密钥管理成为加密系统中的一个核心问题。

（一）密钥的管理问题

密钥的保密管理旨在确保应当获取明文的用户能够获取，而不应当获取的用户无法得到有意义的明文。这就是密钥管理的核心问题。密钥管理是一项长期的、复杂的，且细致的工作，既涉及技术层面的挑战，也包括管理人员的素质要求。密钥的生成、分发、存储、更新、销毁、使用和管理等各环节都需要被严格关注。每个系统的密钥管理必须结合其具体的使用环境和保密需求，适用于所有情况的通用密钥管理系统是不存在的。实践表明，通过管理渠道窃取秘钥的难度通常低于通过技术破译密钥的难度，成本也相对较低。

根据应用对象的不同，密钥管理的方式也有所差异。例如：物理层加密只在节点之间进行，密钥管理相对简单；而在运输层及以上的端到端加密中，密钥管理则比较复杂；单节点系统和多节点构成的分布式网络系统的密钥管理更加复杂。

一个高效的密钥管理系统应尽量减少对人为因素的依赖，这不仅能提升密钥管理的自动化水平，还有助于提升系统的安全性。因此，密钥管理系统应具备以下要求：密钥难以被非法窃取；即便密钥在特定条件下被窃取，也无法被有效利用；密钥的分配和更换过程应对用户透明化。

在设计密钥管理系统时，首先需要明确需要解决的问题和考虑的因素。通常需要关注以下几个方面：系统的保密强度要求；哪些地方需要使用密钥，以及密钥是如何预置或装入保密组件的；每个密钥的生命周期；系统安全性对用户接受能力的影响等。这些因素既包含技术性问题，也涉及非技术性问题。只要在设计过程中对这些因素进行充分的考量，就可以构建出符合需求的密钥管理系统。

(二) 密钥管理的一般技术

1. 密钥管理的相关标准与规范

全球多个标准化机构目前正积极制定密钥管理的技术标准和规范，以确保信息安全的有效实施。ISO/IEC JTC1 已起草了一套全面的国际规范，专门针对密钥管理。该规范分为三个主要部分：密钥管理框架；采用对称加密技术的机制；采用非对称加密技术的机制。该国际规范旨在为各类信息系统提供一套标准化的密钥管理指南，确保不同系统之间能够互相兼容并具备安全性。

第一部分"密钥管理框架"定义了整体框架和基本概念，明确了密钥管理所需的策略、角色和功能模块。这一框架为随后的具体技术机制提供了基础，确保了密钥管理方案的结构性和可扩展性。

第二部分则重点描述了基于对称加密技术的密钥管理机制。这些机制的核心是利用单一密钥进行加密和解密，因此密钥的生成、分发和管理至关重要。规范中提及了对称密钥的分配方法、存储要求及生命周期管理等，确保密钥在分发和存储过程中不被窃取或滥用。

第三部分关注非对称加密技术的密钥管理，这一部分涉及公钥和私钥的管理。与对称加密不同，非对称加密依赖一对密钥，其中公钥公开用于加密，私钥私密用于解密。这种机制的复杂性体现在公钥基础设施上，因此规范中对公钥生成、证书管理、密钥回收和更新等过程进行了详细说明。非对称加密技术的应用场景多为电子商务和互联网通信，因此国际标准的设立极为重要。

自1997年起，我国也开始制定安全电子商务的标准，而其中的一个关键组成部分便是"密钥管理框架"。该框架旨在为我国电子商务的安全管理提供指导，确保密钥在各个环节中的有效性和安全性。通过引入符合国际规范的密钥管理框架，我国力求在电子商务中实现标准化和安全性，为用户提供可靠的交易环境。

2. 对称密钥管理

对称密钥加密是基于双方共享的密钥来进行的，通信双方使用相同的密钥进行加密和解密，因此确保密钥的安全传输至关重要，同时需要制定密钥的操作规范。经过多年的研究和实践，现已能够通过非对称密钥技术对对称密钥进行管理，从而使原本复杂且存在安全隐患的管理过程变得更加简单和安全。

（1）密钥的生成

密钥生成算法必须具备足够的强度，生成的密钥空间不能低于所使用加密算法所要求的密钥空间大小。在密钥生成过程中，如果允许随机选择，必须确保所生成的密钥不能为现实中有意义的字符串。通常采用随机数生成器来确保密钥的随机性，例如在"PGP"加密工具中，用户敲击键盘间隔时间的随机数"种子"可以用于密钥生成。

（2）密钥的管理

在密钥生命周期的每个阶段，密钥管理必须遵循一定的基本原则：例如最小特权原则、最少设备原则及不影响正常工作的原则。

密钥管理的核心内容包括：存储状态下的密钥需要采取必要的加密保护措施，确保其安全性；密钥的分配和传递应通过安全渠道，或者在加密后通过网络传输。密钥的传递机制必须具有比信息传递机制更高的安全性，尤其在大型网络中，应设计专门的协议来进行密钥的分发和传递。此外，不同种类的密钥应根据其用途设定合理的更换周期，并建立在紧急情况下销毁密钥的机制，以防止密钥丢失或失去保护。泄露或可能泄露的密钥必须及时作废。对于用于现场加密的密钥，建议采用临时注入的方式，而非长期存留在设备中，以降低其被攻击的风险。如需长期存储密钥，则必须强化物理安全措施。

备份管理在密钥管理中也占据重要地位，备份是应对意外事件的重要补救措施。因此，备份在物理和逻辑上的安全性必须得到重视。对于非商业性机构引进的国外密码设备和算法，未经改造和批准，不得直接投入使用，密码设备的进口审批权归国家密码主管部门管理。

3.非对称密钥管理

非对称密钥管理的主要方式是使用数字证书，网络通信双方可以通过数字证书来交换公钥。依据 X.509 标准，数字证书包含了识别证书持有者和发布者的唯一信息、持有者的公钥、发布者的公钥、证书有效期等内容。证书的发布者通常被称为证书管理机构，这是一个独立的、双方都信任的机构。目前，微软的 Internet Explorer 和 Netscape Navigator 等软件系统都支持通过数字证书进行身份验证。

4.密钥托管

针对加密技术带来的一些问题，部分政府机构正在寻求一种能够进行安全监管的方式。一些国家提出了"密钥恢复""密钥托管"或"可信第三方"等加密要求。"密钥托管"的基本概念是通过立法规定，要求加密系统加入技术措施，确保执法部门在需要时能够获取解密信息。例如，Clipper 加密芯片的技术就是密钥托管的典型案例。

二、密钥交换技术

在网络中，两个节点系统在开始安全地交换数据前，需要首先确立一个共同的安全基础，这通常被称为"安全关联"。这包括双方对数据保护和信息交换的共同安全设置达成共识。关键在于双方必须采用一种机制，安全地交换密钥集，用于其通信连接。此类机制通常涉及由 Internet 工程任务组制定的安全关联标准和密钥交换解决方案，如 IKE（Internet 密钥交换），该方案使两节点间能够建立安全关联，并对交换策略进行编码，明确使用的加密算法、密钥长度及密钥本身。

（一）Diffie-Hellman 密钥交换技术

在对称加密和对称 MAC 中，均需使用共享密钥。如果密钥交换过程不安全，加密和验证的保密性可能被破坏。Diffie-Hellman 提供了一种在公开且不可靠的通信信道上建立安全的共享秘密的方法，是首创的非对称密钥加密系统之一。在 Diffie-Hellman 过程中，所有参与者都属于一个预定义的组，该组指定使用的质数和底数。交换过程涉及每方选择一个私人数字，并在组内进行幂运算，从而生成一个公共值。然而，这种方法容易受到中间人攻击。在此类攻击中，攻击者可能伪装成交换的一方，与另一方通信。为防止这种情形，通常会对公共值附加数字签名，以确保交换的安全性。

（二）RSA 密钥交换技术

RSA 加密系统允许使用公钥进行加密和私钥进行解密，反之亦然。这一特性简化了密钥交换过程。例如，A 可以选择一个随机密钥，使用 B 的公钥进行加密，并将其发送给 B。由此，只有拥有对应私钥的 B 能解密此密钥。尽管任何人都可以使用 B 的公钥进行加密，但 A 可以通过数字签名确保密钥的真实性，并且将签名和密钥一起使用 B 的公钥加密，从而增强安全性。与 Diffie-Hellman 方法不同，RSA 密钥交换允许直接传递密钥，而 Diffie-Hellman 的优势在于交换双方共同影响最终的密钥，避免单方面强加密钥。

第五节　网络信息加密技术

信息加密技术是现代网络通信安全的基石，确保了信息在传输过程中不被未授权的第三方窃取或篡改。在网络通信的具体实施过程中，根据不同的网络层次和应用场景，数据加密主要可分为链路加密、节点加密和端到端加密三种方式。

一、链路加密

链路加密是网络中较为常用的一种加密方式，通常通过硬件在物理层实现，以保护通信节点之间传输的数据。链路加密的实现相对简单，用户只需在两个通信节点之间安装一对加密设备，使用相同的密钥即可完成数据加密。这种方法的优点在于，用户无须选择复杂的加密方案或了解加密技术的细节，极大地方便了非专业用户的使用。在链路加密的实施过程中，一旦在一条链路上启用加密，通常需要在全网范围内都采用这种加密方式，以确保网络的整体安全性。这意味着在链路上的数据传输是加密的，而在节点内部，信息通常以明文形式存在。具体而言，链路加密可以在网络的物理层和链路层实现，主要采用硬件设备来完成加密操作。被保护的链路包括专用线路、电话线、电缆、光缆、微波和卫星通道等。这些链路在进行信息传输时，通过加密手段有效地降低了数据被截取的风险。

链路加密的一个重要特征是其对用户的透明性。用户在使用网络时，无法感知到加密和解密过程的存在，所有的加密操作都是由网络系统自动完成的。用户仅需要关注数据的输入和输出，而不必了解底层的加密机制。这种特性使链路加密成为一种用户友好的解决方案，尤其适用于需要快速、稳定、安全传输数据的场合。

二、节点加密

节点加密是链路加密的一种改进形式，旨在解决链路加密过程中数据在经过中间节点时容易被非法访问的问题。节点加密是在协议栈的传输层上实施，对源节点和目标节点之间的通信数据进行加密处理，确保数据在传输过程中始终保持密文状态，仅在最终接收方处解密还原成明文。这种加密方式不仅增强了数据的安全性，还能够在一定程度上保证数据的完整性和机密性。

节点加密的实现原理与链路加密相似，即在每个网络节点上安装一个专门的加密模块，该模块负责将进入节点的数据加密后再发送出去。不同之处在于，节点加密中的加密算法被集成到了这些附加于节点上的加密设备中。这样一来，即使数据在传输过程中需要通过多个节点，也只有在每个节点的保护模块内部才会以明文形式存在，从而大大降低了被窃听的风险。

此外，节点加密也是从一个密钥到另一个密钥的变化过程在保密环境中完成的，这意味着每次数据包通过不同的链路时都会使用新的密钥进行加密，增加了攻击者破解难度。通过这种方式，节点加密不仅可以为用户提供端到端的持续安全服务，还能实现对等实体的身份验证，进一步提高了系统的安全性。

　　总之，相比于传统的链路加密，节点加密提供了更高级别的安全保障，它不仅能有效防止中间人攻击，还能确保数据在整个传输路径上的机密性和完整性，成为现代网络安全架构中不可或缺的一部分。

三、端到端加密

　　端到端加密是指在传输层以上的加密。端到端加密对面向协议栈高层的主体进行加密，一般在表示层以上实现。在端到端加密中，协议信息以明文形式传输，而用户数据在中间节点不需要解密。端到端加密通常由软件来完成。在较高层次的网络层面上进行加密，无须关注底层的线路、调制解调器、接口和传输码等细节。然而，为了实现端到端加密，用户的联机自动加密软件必须与网络通信协议软件紧密结合。由于各厂商的网络通信协议软件往往各不相同，目前的端到端加密通常采用脱机调用的方式。尽管如此，端到端加密也可以通过硬件实现，但这要求加密设备能够识别特殊的命令字或协议信息，从而完成对用户数据的加密。然而，硬件实现往往面临较大难度。

　　在大型网络系统中，尤其是在多收发方之间的信息传输中，端到端加密是一种较为合适的选择。端到端加密通常通过软件实现，并在协议栈的高层（如应用层和表示层）上完成。数据在通过各个节点传输时始终处于加密状态，只有在最终接收方处才进行解密。在整个数据传输过程中，使用一个可变的密钥和算法进行加密。在中间节点和相关安全模块中，数据始终保持密文状态。端到端加密或节点加密时，通常不加密报头，只加密报文内容。相较于链路加密和节点加密，端到端加密具有独特的优势。

　　① 成本低。端到端加密的一个显著优势是成本低。在传统的链路加密中，由于每条链路都必须具备加密和解密设备，在复杂的网络中，系统的整体维护和设备投入往往会造成较高的成本。相比之下，端到端加密只需要在

源节点和目的节点上配备加密／解密设备，中间的网络设备无须处理加密信息，从而大幅降低了实施和维护的成本。这一特点使企业和用户在选择加密解决方案时更倾向于采用端到端加密。

② 安全性更高。端到端加密提供了一种更为安全的数据传输方式。在数据传输过程中，只有发送者和接收者能够解密信息。这使得中间任何节点，包括网络服务提供商和潜在的攻击者，都无法访问明文数据。这种方式极大地降低了数据被拦截或篡改的风险，从而为用户提供了一种可靠的信息保护机制。与链路加密相比，后者在数据通过多个中间节点时，明文信息在每个节点都可能暴露，从而增加了数据被泄露的可能性。

③ 更灵活。用户可以自主选择加密算法和密钥管理策略，而不是依赖于网络提供者。这种灵活性使得用户能够根据自身的需求和安全标准，定制适合自己的加密方案。但是，由于端到端加密只加密报文，数据报头还是保持明文形式，容易被流量分析者利用；另外，端到端加密所需的密钥数量远大于链路加密。

第三章 计算机局域网安全技术

第一节 局域网安全风险与特性

局域网作为 Internet 的关键组成部分，技术进步飞速，已经在各个行业的经营与管理中扮演了不可或缺的角色，成为现代机构维护非物质资源的关键基础设施。局域网的安全漏洞不仅对网络和所属机构的利益造成损害，也对整个 Internet 生态造成了间接影响。局域网是指在一个特定地理区域内的计算机网络。这种网络可以从几台计算机到数千台计算机不等。通常，一个局域网的工作站数量从几十台到数千台不等，涉及的地理距离可以从几十米到几千米。大多数情况下，局域网设在单个建筑物或机构中，并由该机构进行集中管理。

局域网的安全性涵盖三个主要方面：一是局域网自身的安全性问题，如以太网协议和 TCP/IP 协议的固有缺陷；二是由不规范的网络构建引起的安全隐患、内部人员的恶意行为，以及网络媒介和设备的安全缺陷；三是局域网与 Internet 连接时，面临外部恶意攻击的风险及对不安全站点访问的管理问题。

一、局域网安全风险

局域网的安全风险并非单一维度，而是涉及多个层次、系统及整个信息网络的复杂问题。为了有效防御来自不同方面的威胁，了解安全风险的来源至关重要，这有助于采取相应的防护措施。

(一) 物理层安全风险

物理层的安全风险主要指网络基础设施和物理设备受损或遭到破坏所导致的网络中断。常见的情况包括设备老化、设备被盗或遭受蓄意破坏、由电磁辐射引发的信息泄露及各种突发性自然灾害等。这些情况可能直接影响局域网的正常运作，导致整个系统停摆。

(二) 网络层安全风险

网络层的安全风险更多与数据传输、网络边界及网络设备有关，具体表现在以下几个方面：

1. 数据传输风险分析

在数据传输过程中，数据很容易受到非法窃取、篡改或损坏的威胁。特别是在高校局域网中，私接网络、冒用 MAC 地址或伪造 IP 地址获取上网权限的情况尤为常见。这些行为不仅影响了网络的正常秩序，还可能导致敏感信息的泄露或滥用。

2. 网络边界风险分析

由于高校局域网需要提供多种服务，通常对外部互联网开放。如果没有在网络边界采取有效的安全控制措施，攻击者可能会通过未经授权的访问破坏服务器，甚至窃取或篡改数据，从而对整个网络造成严重威胁。

3. 网络设备风险分析

高校局域网规模庞大，需依赖大量网络设备来维持其运作。然而，设备安全同样是一个不容忽视的风险来源。如果设备配置不当或配置数据被篡改，就有可能导致信息泄露甚至整个网络瘫痪。设备的安全管理是确保网络稳定的重要保障，任何疏忽都可能带来灾难性的后果。

(三) 应用层安全风险

应用层的安全风险主要来源于局域网所依赖的操作系统和各类应用系统。常见的局域网操作系统包括 Windows 系列和 UNIX 系列。这些系统在开发过程中可能存在"后门"漏洞，如果管理员没有采取必要的安全配置措施，将会给局域网带来长远的安全隐患。同时，随着计算机技术的快速演进，这些系统也会不断暴露新的安全漏洞，然而网络管理人员往往未能及时进行安全补丁的更新和修复。此外，用户的不当使用行为也会导致应用层风险加剧。例如，访问不安全的网站、使用含有恶意软件的 U 盘等操作，都可能使服务器感染病毒或引发黑客入侵。

（四）管理层安全风险

管理层的安全风险通常源自管理机制上的不完善。管理风险可能因为权责划分不清、管理意识薄弱、管理结构不健全或管理制度缺乏执行力等问题而产生。同时，管理技术的滞后也可能导致局域网的安全防护出现漏洞。例如，未能定期对管理人员进行培训或未能引入先进的管理工具等，都可能降低网络安全防护的有效性。

二、局域网安全特性

局域网通常是基于 TCP/IP 协议结构来构建的，该协议的四层架构相对简单，易于实现，且具备极高的实用性，这是其成功的重要因素。然而，正是其简便性给局域网的安全带来了一定的隐患。由于 TCP/IP 协议自身存在的一些固有安全问题，基于此协议的局域网在安全性上存在以下几方面的不足。

（一）数据容易被窃听和截取

在局域网中，数据传输通常采用广播的方式进行。当局域网中的某台主机发送消息时，网络中的所有设备都会接收到这条信息，每个设备会根据消息中的目标地址来判断是否接收该信息。如果目标地址与该设备不匹配，信息就会自动丢弃，不会传递到上层。然而，当以太网卡处于混合模式时，它会接收网络中所有的消息并将这些信息传递给上层处理。在这种情况下，任何处于同一广播域中的设备都能够监听到网络中的所有数据包，攻击者也可以通过这种方式获取到局域网内传输的数据包内容。

因此，攻击者能够利用这种特性，对通过广播传输的数据包进行捕获并加以分析，导致数据极易被在线窃听、篡改或伪造。在广播域中的信息传输暴露在潜在攻击者面前，增加了数据泄露的风险。为了提升局域网的安全性，需要引入额外的安全措施，例如数据加密、访问控制及数据传输的隔离，以防止攻击者通过监听网络来窃取或篡改数据。

(二) IP 地址欺骗

IP 地址欺骗是一种通过伪造他人 IP 地址来进行攻击的技术手段。在局域网中，每台主机都有其特定的 IP 地址，用于作为唯一的网络标识。然而，IP 地址可以被动态修改，这使得攻击者能够更改其主机的 IP 地址，从而假冒一个受信任节点的身份进行恶意攻击。这种手法允许攻击者以伪装身份的方式获取受害者的信任，从而达成攻击目的。攻击者通过使用虚假 IP 地址可以绕过某些防御机制，发起拒绝服务攻击（DoS）或获取未经授权的访问权限，导致局域网内的通信和数据安全受到威胁。

(三) 缺乏足够的安全策略

局域网在配置时如果没有适当的安全策略，就可能导致权限过度开放，从而为攻击者提供可乘之机。一些局域网在配置过程中，往往过于注重便利性而忽视了潜在的安全风险，这使得攻击者更容易利用这些漏洞获取敏感信息。例如，某些服务端口默认是开放状态，如果没有严格的访问控制，攻击者就可以通过扫描端口获取相关信息，进而进行恶意入侵或数据窃取。因此，局域网必须通过严格的访问控制、身份验证及加密措施来限制未经授权的访问，从而减少因安全策略不当而产生的风险。

(四) 局域网配置的复杂性

局域网的配置通常较为复杂，涉及多种网络设备和配置参数，这种复杂性容易引发配置错误，成为潜在的安全隐患。攻击者可能通过这些配置漏洞，对网络实施入侵和攻击。为了提升局域网的安全性，可以通过构建合理的网络拓扑结构和配置策略进行优化。例如，使用网桥和路由器将局域网划分为若干子网，可以在不同的子网间设置不同的安全策略和访问权限，从而减少整个局域网的攻击面。此外，利用交换机设置虚拟局域网（VLAN）功能，可以将处于同一 VLAN 内的主机限定在同一广播域中，从而减少不相关主机对广播数据的监听机会，这不仅增强了数据传输的安全性，还能够有效提高局域网的管理效率。

第二节 局域网安全技术与管理

一、局域网常用安全技术

局域网的安全技术在很多方面与广域网类似，但由于局域网的拓扑结构、应用环境及对象不同，其所面临的威胁和攻击方式也有所差异，因此实现局域网安全的方法也有所区别。

(一) 安全技术概述

经典的局域网安全技术要求主要体现在 ISO 7498-2 标准所列举的多种安全机制中，这些机制的共同点在于通过静态防护来确保信息系统的保密性、完整性和可用性。如今，以信息保障技术框架为代表的标准，勾勒出了一套更加全面的安全技术框架，涵盖防护、检测、响应和恢复等各个重要环节。当前的局域网安全技术已经发展成为一个动态且完整的体系，主要包括以下几个方面：

① 物理安全技术：保护环境、设备和传输媒介的安全，防止物理层面上的破坏和干扰。

② 系统安全技术：确保操作系统及数据库系统的安全性，防止系统被入侵或数据泄露。

③ 网络安全技术：通过网络隔离、访问控制、虚拟专用网络、入侵检测及安全扫描与评估等手段，保护网络的安全性。

④ 应用安全技术：确保电子邮件安全、Web 访问的安全性，进行内容过滤，保证应用系统的安全运行。

⑤ 数据加密技术：通过硬件和软件加密技术，实现身份认证及确保数据的保密性、完整性和可用性。

⑥ 认证与授权技术：采用口令认证、单点登录认证及数字证书等方式进行用户身份的认证和授权管理。

⑦ 访问控制技术：包括防火墙和访问控制列表等措施，以限制未授权访问。

⑧ 审计跟踪技术：通过入侵监测、日志审计及取证分析，监控系统并

追溯异常活动。

⑨ 防病毒技术：防病毒技术从最初的单机防护逐步演变为整体防病毒体系，以对抗网络中的病毒威胁。

⑩ 灾难恢复和备份技术：通过备份机制保障业务的连续性，确保在发生灾难时数据能够及时恢复。

(二) 访问控制技术

局域网的信息安全主要关注用户对服务器的访问管理。访问控制是确保局域网安全的核心策略之一，其主要任务是防止网络资源遭到未经授权的访问和使用。它在网络安全防护中占据重要地位，涉及多种技术手段，如入网访问控制、网络权限管理、目录级控制及属性控制等。

入网访问控制作为访问管理的第一层，决定哪些用户可以登录服务器并访问网络资源，并控制用户的登录时间和登录工作站。该过程通常分为三步：用户名验证、口令验证及账号限制检查。如果用户在任意一步未通过验证，则无法进入网络系统。网络还应对所有用户的访问活动进行审计，并在用户多次输入错误口令时发出入侵警报。

网络权限管理是为防止未经授权的操作而设置的一种保护措施。用户和用户组根据权限设置，确定其可以访问的目录、文件和设备，并规定他们能进行的操作。两种常见的方法为受托者指派和继承权限屏蔽。受托者指派用于定义用户和用户组如何使用服务器资源，而继承权限屏蔽则像一个过滤器，限制子目录继承父目录的权限。根据不同的权限，可以将用户分为几类：特殊用户（如系统管理员）、普通用户（由系统管理员分配权限），以及负责审计的用户，其主要负责监控网络安全和资源使用情况。

网络系统应支持对用户在目录、文件和设备上的访问进行控制。在目录一级设置的权限对所有子目录和文件都有效，用户也可以进一步细化对某些文件或子目录的权限管理。网络管理员需要合理地为用户分配权限，以有效地管理用户对服务器的访问，从而提高网络和服务器的整体安全性。

(三) 计算机病毒的预防和消除

在局域网中，计算机直接服务于用户，且其操作系统相对较为简易，这使得它比广域网更容易受到病毒的侵袭。当前多数计算机病毒的传播主要发生在个人计算机上。因此，预防和清除计算机病毒显得尤为重要。为此，需要制定相应的管理和预防策略，安装正版的防病毒软件并确保定期升级。此外，应对使用的软件和移动存储设备进行严格的检查，同时禁止在网络上传输可执行文件，以减少病毒传播的风险。

二、局域网安全措施

根据目前局域网的实际情况，为保障网络和信息的安全，有必要加强对各类安全技术的应用。对于较大规模的局域网，可以采取以下安全措施来提升整体安全性。

①应对网络进行合理规划，将关键服务器、网络管理设备、特定用户和普通用户划分至不同的网段，配置相应的安全策略，严格限制访问权限，以降低安全风险。

②定期使用漏洞扫描工具对重要网段进行检测，生成详细的报告。这些报告可作为安全提醒，同时也为整体信息安全评估提供重要的参考数据。

③建立 Windows Server Update Service（WSUS），为局域网内的 Windows 服务器、个人电脑及其他微软产品提供快速更新服务。及时的升级可以迅速修复漏洞，避免潜在威胁。

④对于无线和有线接入网络，需设置有效的安全认证机制，确保网络接入认证服务可靠，从而控制用户访问。

⑤采用网络行为管理机制，对网络流量信息进行采集和分析，以便从中提取有用的信息和数据，识别和控制不良信息及不当网络行为。

⑥建立安全门户网站，用于发布安全信息及相关宣传教育，从而增强用户的安全意识。

⑦完善灾难恢复和备份体系，从内容、配置、日志等各个方面进行考虑，以确保在出现问题时可以迅速恢复。

⑧建立入侵监测系统和预警机制，确保能够及时发现并应对潜在威胁。

⑨为网管和内部服务器管理设置专用的 VPN 设备，关闭普通的远程管理端口，所有管理操作需通过 VPN 认证，以保障管理层面的安全。

⑩在边界和重要区域部署防火墙系统，依据局域网的规模和重要性来

实现安全隔离，防止某一安全区域的问题蔓延至其他区域。

三、局域网安全管理

在局域网安全问题的解决过程中，仅依赖技术是不够的，管理同样重要。安全技术只是实现信息安全的工具，为了确保这些技术能够发挥最大效用，必须有相应的管理程序来支撑。否则，安全技术可能会变得僵化且难以持续。因此，只有在安全建设中持续贯彻有效的管理措施，才能确保网络和信息安全的长期性和稳定性。

事实上，大多数安全事件的发生及安全隐患的出现，往往是因为管理不善，而不是技术上的缺陷。因此，应认识并重视管理在信息安全中的关键作用。

信息安全管理作为组织整体管理体系中的一个重要组成部分，发挥了动态控制的作用。它是协调并管理组织中与信息安全风险相关活动的基础，有助于确保信息安全目标的实现。

为了实现局域网的安全和稳定运行，必须建立网络管理中心。该中心的主要任务是管理网络资源、监控网络性能及其运行状态。安全管理涉及组织、制度和人员这三大方面。具体来说，需要建立完善的信息安全管理组织机构，明确各自的责任，并制定健全的安全管理制度。同时，还应加强人员的安全意识，进行安全教育与培训，确保信息安全管理涵盖了安全规划、风险管理、应急响应、意识培训、安全评估、安全认证等各个方面。

网络监控是局域网安全管理的重要组成部分。内部网络需要一套监控系统，以便实时跟踪系统的运行状况，记录用户的连接信息，包括用户名、IP 地址及状态，记录系统中的错误并警告非法访问。网络管理中心应定期分析记录的信息，以评估系统的安全性并解决潜在问题。

综合运用管理和技术手段来应对局域网安全问题，能够有效地构建一个稳定、安全的网络环境，从而保障信息的安全性和可持续性。

第三节　网络监听与 VLAN 安全技术

一、网络监听与协议分析

在网络管理中，使用有效的方法对当前的网络流量进行检测和分析是非常必要的，尤其是在及时发现干扰网络运行或消耗带宽的用户方面。这种技术被称为"网络监听"，其主要目的是解决网络管理中的关键任务。为了有效完成这一任务，必须了解网络监听的基本工作原理，熟悉网络通信协议，特别是 TCP/IP 协议的数据报文结构，理解关键字段或标识的含义。同时，还需掌握网络监听工具如 Wireshark 的使用方法和基本操作技巧，以便捕获并分析网络中的数据流。

(一) 协议分析软件

1. 概述

在分析网络中传输数据包的最佳方式，通常取决于所使用的设备类型。在网络技术的早期，主要使用的是 Hub（集线器），此时只需将计算机通过网线连接至集线器即可进行数据传输的分析工作。

协议分析仪是一种能够捕获并分析网络报文的设备，其基本功能是捕捉并解析网络流量，从而找出可能存在的网络问题。例如，当某一段网络出现运行缓慢、延迟等现象时，协议分析仪可以帮助精准识别问题的来源。

以太网协议允许在同一链路上向所有主机广播数据包，数据包的头部包含目标主机的正确地址。在通常情况下，只有目标主机会接收到这个数据包。然而，如果一台主机能够忽略数据包头部的信息，接收所有传输的数据包，这种操作模式被称为"混杂模式"。混杂模式是协议分析仪捕捉数据包的核心原理，源自共享网络的通信方式。

通过掌握网络监听技术和协议分析软件，管理人员能够深入了解网络状态并准确检测出潜在的网络问题。这不仅有助于解决当前的网络故障，还能优化网络性能，提高整体网络的稳定性和安全性。

2. 工作原理

协议分析仪的工作原理主要分为两部分：数据捕获和协议分析。

以太网的通信方式基于广播机制，这意味着在同一网段上的所有网络接口都可以访问到物理介质上传输的数据。每个网络接口都有唯一的硬件地址，即 MAC 地址，其长度为 48 字节。通常情况下，每个网卡的 MAC 地址都是唯一的。MAC 地址与 IP 地址之间的转换通过 ARP 和 RARP 协议实现。

　　通常情况下，网络接口只接收两种类型的数据帧：与自身硬件地址相匹配的数据帧及发给所有设备的广播帧。网卡负责数据的接收和发送，它在接收到数据帧后，通过单片机程序检查帧的目标 MAC 地址，并根据网卡驱动程序设置的接收模式决定是否接收。如果数据帧的目标地址匹配或符合设置的接收模式，网卡则接收该数据并通知 CPU；否则，数据帧会被丢弃，计算机对此无感知。当 CPU 接收到中断信号时，操作系统会根据网卡驱动程序的中断地址调用相应的程序来接收数据。驱动程序处理数据后，将其放入信号堆栈，供操作系统进一步处理。网卡通常有以下四种接收模式：

　　① 广播模式：接收网络中的所有广播信息。

　　② 组播模式：接收指定组的组播数据。

　　③ 直接模式：只有目标网卡才能接收该数据。

　　④ 混杂模式：接收所有通过网卡的数据，不论目标地址是否为该网卡。

　　以太网的工作机制是将要发送的数据包广播到同一网段中的所有主机，数据包的包头包含目标主机的正确地址，只有与数据包中地址相符的主机才能接收到信息。例如，在一个简单的以太网连接中，假设机器 A、B、C 通过集线器连接在一起，集线器通过路由器与外部网络相连。如果管理员在机器 A 上使用 FTP 命令远程登录到机器 C，数据传输的过程如下：管理员在机器 A 上输入登录机器 C 的 FTP 密码，数据经过应用层的 FTP 协议、传输层的 TCP 协议、网络层的 IP 协议及数据链路层的以太网驱动程序处理后，最终到达物理层。数据帧传输到集线器后，集线器将此数据帧广播给所有连接的节点。机器 B 接收到该数据帧，并检查其地址是否与自己的地址匹配，若不匹配则丢弃数据帧。而机器 C 接收到数据帧后，发现地址匹配，便接收并分析处理该数据帧。但是，当主机处于监听模式时，不论数据包的目标地址是什么，主机都可以接收到所有的数据帧，并将其交给上层协议进行处理。

　　在早期的 Hub 中，由于采用共享介质，只需将网卡设置为混杂模式，便可以在任何接口上实现网络监听。然而，现代网络大多采用交换机，因此，要实现网络监听，必须将监听主机连接到交换机的镜像端口上，才能获取整个交换机上的网络流量。这是网络监听的基本原理。网络监听通常需要保存大量信息并进行大规模整理，这可能会显著降低监听主机对其他主机的响应速度。此外，监听程序在运行时会占用大量处理资源，导致某些数据包可能由于处理延迟而被遗漏。为避免这种情况，监听程序通常会将捕获的数据包存储到文件中，留待后续分析。

3. 基本用途

数据包嗅探器主要用于两个领域：一类是商业用途，通常由网络管理员使用，以维护网络正常运行；另一类则是非法用途，地下嗅探器常用于入侵他人计算机。

典型的数据包嗅探器的主要用途包括以下几方面：

① 分析网络通信故障，查找通信失效的原因；

② 探测网络中的通信瓶颈，优化网络性能；

③ 将捕获的数据包转换为人类易于理解的格式；

④ 检测网络中是否存在入侵者，以防止网络受到攻击；

⑤ 从网络中提取并转换有用的信息，例如用户的名称和密码；

⑥ 记录网络通信的详细信息，以便分析入侵者的行为路径和攻击方式。

(二) 协议数据包结构

网络层协议将数据包封装成 IP 数据包，并运行必要的路由算法，它包括以下四个互联协议：① 互联网协议（IP）：在主机和网络之间进行数据包的路由转发；② 地址解析协议（ARP）：获得同一物理网络中的硬件主机地址；③ 互联网控制管理协议（ICMP）：发送消息，并报告有关数据包的传送错误；④ 互联组管理协议（IGMP）：IP 主机向本地组播路由器报告主机组成员。

传输层协议在计算机之间提供通信会话，传输协议的选择根据数据传输方式而定，常用的两个传输协议如下：① TCP（传输控制协议）：提供了面向连接的通信，为应用程序提供可靠的通信连接，适用于一次传输大批数据的情况，并适用于要求得到响应的应用程序；② UDP（用户数据报协议）：提供了无连接通信，且不对传送数据包进行可靠的保证，适用于一次传输小量数据的情况，可靠性由应用层负责。

1. IP 协议

IP 协议的核心特性是无连接性和不可靠性。它的无连接性体现在传输数据包之前，IP 协议并不会建立通信会话，每一个数据包在网络中独立传输，而不依赖于之前的传输历史。同时，IP 协议不保证数据包的正确传递，一旦发送出去，不会等待确认是否成功送达，因此 IP 被称为"不可靠"的协议。数据包在到达目标主机时可能发生丢失、重复或顺序错误，具体的纠正工作需由高层协议如 TCP 处理。

2. ARP 协议

ARP 协议的作用是将 IP 地址转换为硬件地址。在同一个局域网内，通信设备通过 ARP 协议获知目标设备的硬件地址，以便进行数据传输。主机在发送数据包之前，会先查询本地的 ARP 缓存，若未找到对应的硬件地址，ARP 请求报文会被广播到网络中，目标主机会响应并返回相应的硬件地址。

3. ICMP 协议

ICMP 协议用于在网络层进行错误报告和控制管理。它是 IP 协议的一个重要组成部分，能够传递有关网络通信中的错误信息，例如无法到达目的地、路由不可达等情况。ICMP 报文通常由 IP 层自动生成，并被嵌入 IP 数据包中进行传输。一些常见的 ICMP 消息包括"目标不可达"消息，用于通知源主机数据包未能成功到达目的地；"时间超时"消息，表示数据包在网络中停留的时间超出限制。

4. IGMP 协议

IGMP 协议的主要功能是管理 IP 组播组，它允许主机报告自己是某个组播组的成员，确保组播数据被发送给正确的接收主机。IGMP 报文通过 IP 数据包进行传递，其报文结构较为简单，长度固定，没有可选项数据。通过 IGMP，路由器可以确定网络中哪些主机订阅了组播服务，从而优化组播数据的传输路径。

5. TCP 协议

TCP 协议是一种面向连接的传输层协议，提供可靠的数据传输服务。面向连接意味着通信双方在传输数据前需先建立连接。TCP 采用三次握手的方式建立连接，并通过序列号、确认号及重传机制确保数据包按序送达并无错误丢失。由于 TCP 提供了高度的可靠性，适用于需要确保数据完整性和顺序性的应用程序，例如文件传输、网页浏览等。

6. UDP 协议

与 TCP 相比，UDP 协议是一种简单的、无连接的传输层协议。它的特点在于每一个数据输出操作都会生成一个独立的 UDP 数据包，并将其组装成待发送的 IP 数据包。UDP 不保证数据的传输可靠性，也不提供确认机制，一旦数据发送出去，协议本身不会对其是否成功送达进行处理。这种设计使得 UDP 更适合于需要快速传输但对丢包容忍度较高的应用场景，如视频流、实时语音传输等。

UDP 的一个重要特点是端口号的使用，发送进程和接收进程通过端口号来识别。虽然 UDP 和 TCP 使用不同的端口号，但为了便于操作，在同一主机上运行的某些服务会在这两种协议中使用相同的端口号。这种设计主要出于方便操作的考虑，而非协议的要求。

（三）网络监听与数据分析

1. Wireshark 简介

1997 年年底，Gerald Combs 为了满足工作中对网络流量追踪的需求，开始开发一款工具软件——Ethereal。1998 年 7 月，Ethereal 的第一个版本 v0.2.0 发布。从那时起，Combs 收到了来自全球的建议、错误反馈及支持，推动了 Ethereal 的不断发展。

不久之后，Gilbert Ramirez 认识到 Ethereal 的潜力，开始参与开发底层接口的工作。1998 年 10 月，来自 Network Appliance 公司的 Guy Harris 也加入了团队，他当时正在寻找一个比 TCPView 更好的软件。到 1998 年底，教授 TCP/IP 课程的讲师 Richard Sharpe 也看到了 Ethereal 的潜力，随后加入了开发团队，专注于新增协议的支持。这使得 Ethereal 的封包捕获功能几乎覆盖了当时所有的通信协议。

此后，Ethereal 的开发团队迅速壮大，数千名开发者参与其中。2006 年 6 月，Ethereal 更名为 Wireshark，进入新的发展阶段。

Wireshark 能够对大量网络数据进行监控，几乎可以捕获到任何在以太网上传输的数据包。在以太网上，Wireshark 会将网络接口设置为混杂模式，这样可以监听到同一网段内所有的数据包。更重要的是，安装 Wireshark 时无须重启系统，这使其在实验教学中非常实用。

2. Wireshark 的主要功能与特性

（1）Wireshark 的主要功能

① 网络管理员可以利用 Wireshark 来捕获和分析网络流量，从而排查网络故障；

② 网络安全工程师则用它来监控网络活动，进行安全性测试；

③ 开发人员使用 Wireshark 调试协议的实现；

④ 可用于学习网络协议的运作原理。

（2）Wireshark 的特性

① 支持在 UNIX 和 Windows 平台上运行；

② 可以直接从网络接口捕获实时数据包；

③ 能够以非常详细的协议格式显示数据包信息；

④ 支持打开和保存捕获的数据包；

⑤ 提供数据包的导入 / 导出功能，兼容其他捕获程序；

⑥ 允许按多种方式过滤数据包；

⑦ 提供多种方式的数据包查询功能；

⑧ 能根据过滤条件以不同颜色标识数据包；

⑨ 可以生成多种网络统计数据。

3. TCP/IP 报文捕获与分析

Wireshark 的报文捕获功能可以通过执行"Capture"菜单中的命令来完成。通常，首先执行"Interfaces"命令以选择网络接口，然后点击"Start"开始捕获报文，捕获完成后执行"Stop"停止捕获。

（1）工作界面分布

Wireshark 的工作界面划分为以下几个区域：

① 菜单和工具栏区域：包含菜单栏、工具栏及过滤器交互框。工具栏提供了常用按钮，以便用户快捷操作。过滤器交互框则用于设置和应用过滤条件，方便用户进行针对性更强的报文捕获和分析。

② 工作区域：显示捕获到的报文的基本信息，包括序号、时间、源地址、目的地址、协议类型、长度及相关的细节信息。这个区域的内容反映了

网络运行状态，是发现问题和关键点的基础。

③ 协议封装结构树和具体数据区域：展示了工作区选中的报文的协议封装结构及相应的具体数据，用于深入分析和发现潜在问题。

④ 状态栏：位于界面的底部，显示当前的状态信息。

(2) 查看捕获的报文

Wireshark 提供了强大的报文分析和解码功能。为了有效使用这些功能，用户需要对网络协议有较深入的理解，这样才能正确解读解码后的报文。使用该工具的过程相对简单，但要真正利用它来解决网络问题，必须对不同层次的协议有较全面的了解。Wireshark 只是一个辅助工具，分析过程中涉及的细节众多。

(3) 设置捕获条件

Wireshark 允许用户根据设置的过滤规则捕获或显示数据包。这些过滤规则可以通过菜单栏或工具栏中的命令进行设置。用户可以根据物理地址、IP 地址或协议类型进行组合筛选，以精确捕获所需的数据包。

二、VLAN 安全技术与应用

(一) VLAN 概述

在早期网络中，许多局域网采用的是通过路由器进行分段的简单架构。在这种架构下，局域网内的广播方式允许每个设备接收到该段上的所有广播数据包，无论这些设备是否需要这些信息。因此，如果某个广播域内的所有数据包都可以被监听，黑客就能够对这些数据包进行分析，这将导致该广播域中的数据传输暴露在潜在威胁下。

网络分段是一项关键的安全措施，也是基础的防护手段，其核心思想是将未经授权的用户与网络资源隔离以限制其非法访问行为。

1. VLAN 技术

VLAN（虚拟局域网）是一种旨在解决以太网广播问题并提升安全性的协议。VLAN 技术通过将局域网内的设备以逻辑方式（而非物理方式）划分为多个网段，形成虚拟工作组。IEEE 在 1999 年推出了用于标准化 VLAN 实现的 802.1Q 协议标准草案，它通过在以太网帧基础上增加 VLAN ID 来将用户分成更小的工作组，从而限制网络第二层的组间访问。每个工作组即一个独立的虚拟局域网。VLAN 的优点在于限制广播范围、形成虚拟工作组并动态管理网络，具备控制广播、安全性、灵活性和可扩展性等技术优势。

利用 VLAN 技术可以将一个物理局域网划分为多个逻辑子网，而不必考虑设备的具体物理位置。每个 VLAN 可以代表一个逻辑单位，例如部门或机房。由于同一 VLAN 中的主机间通信不会影响其他 VLAN 的主机，这显著减少了潜在的数据交互，增强了网络安全性。

VLAN 的划分目的是确保系统的安全性，因此可以根据安全性需求来进行划分。例如，可以将总部的服务器系统（如数据库服务器、电子邮件服务器）划作一个独立的 VLAN；也可以根据机构架构划分 VLAN，如将领导的网络单独设置为一个 Leader VLAN（LVLAN），其他部门或下属机构分别划为独立的 VLAN，并通过单向信息流控制确保 LVLAN 能够访问其他 VLAN 的信息，而其他 VLAN 则无法访问 LVLAN。VLAN 内的通信通过交换机实现，而 VLAN 之间的通信则需要通过路由器完成。根据 VLAN 在交换机中的实现方法，主要可以分为以下几类：

① 基于端口的 VLAN 划分：这种方法依据以太网交换机的端口来划分 VLAN，具体配置由管理员决定。这种方法简单，只需对各个端口进行配置即可。

② 基于 MAC 地址的 VLAN 划分：通过主机的 MAC 地址来划分 VLAN，即为每个 MAC 地址指定所属的组。这种方法的优点是，当用户移动到不同交换机时，无须重新配置 VLAN。

③ 基于网络层的 VLAN 划分：此方法根据每个主机的网络层地址或协议类型进行划分，例如基于 IP 地址划分。它的优点是，即使用户物理位置发生变化，也无须重新配置 VLAN。此外，这种方法不需要附加的帧标签来识别 VLAN，减少了网络通信量。

2. VLAN 技术的安全意义

局域网的信息传输采用广播模式，这使得人们通过特定技术手段就可以窥探到网络中的数据流。为了防范内部的安全威胁，网络分段成为保障安全的重要策略，其核心目的是通过隔离非法用户与网络资源，限制非法访问行为。

以太网传统上使用广播机制，但在应用了交换机和 VLAN 技术后，网络传输转变为点对点通信模式。除非启用了监听端口，信息交换过程中不会出现数据被监听或篡改的情况。这种机制大幅提高了网络安全性，确保信息仅传输至预定的目标，避免了多数基于网络监听的入侵手段。通过 VLAN 的访问控制，网络中的节点无法直接访问虚拟网之外的节点，进一步提升了系统的安全防护。

（二）动态 VLAN 及其配置

VLAN 有静态和动态之分，静态 VLAN 就是事先在交换机上配置好，事先确定哪些端口属于哪些 VLAN，这种技术比较简单，配置也方便，这里主要讨论动态 VLAN 技术及其配置。

1. 动态 VLAN 概述

动态 VLAN 的实现相对简单，当某个端口能够自主决定其归属的 VLAN 时，即形成了动态 VLAN。此机制依赖于网络管理员设置的数据库映射。端口分配给动态 VLAN 后，交换机会缓存初始帧的源 MAC 地址，接着向一个外部服务器（VMPS，VLAN 管理策略服务器）发送请求。VMPS 中包含一个 VLAN 映射的 MAC 地址列表，交换机会下载并验证这些 MAC 地址。

如果交换机找到匹配的 MAC 地址，则将端口分配到对应的 VLAN；若未找到匹配项，则端口会被分配到默认 VLAN（如果已配置默认 VLAN）。在没有默认 VLAN 配置的情况下，端口将保持未激活状态。动态 VLAN 通过有效的端口分配机制，提升了网络安全性。

当 VLAN 的分配受到端口组限制时，VMPS 会确认请求端口是否在该组范围内，并做出相应的响应。如果 VLAN 允许使用该端口，VMPS 将返回 VLAN 名称；如果不允许且 VMPS 处于非安全模式，则拒绝接入；在安全模式下，VMPS 会关闭端口。如果当前 VLAN 与端口的配置不一致且端口有活跃主机，VMPS 会根据安全模式发出拒绝或关闭端口的指令。

若交换机接收到 VMPS 的拒绝响应，将阻止该 MAC 地址通过此端口的数据流。交换机继续监控端口上的流量，发现新的 MAC 地址时会再次向 VMPS 请求。如果接到关闭端口的指令，端口将被立即关闭，只能通过手动方式重新启用。

为了提高安全性，用户可以配置一个备用 VLAN。当连接的设备 MAC 地址不在数据库中时，VMPS 将向客户端提供备用 VLAN 名称。如果没有配置备用 VLAN，且 MAC 地址也不在数据库中，VMPS 会发出拒绝访问的响应；若 VMPS 处于安全模式，则关闭端口。管理员还可以在 VMPS 数据库中明确指定不允许访问的 MAC 地址，对应的 VLAN 名称可设为"-NONE-"。这样，VMPS 会发出拒绝响应或关闭端口。动态端口在交换机中只能属于一个 VLAN。在链路启用时，交换机会根据 VMPS 提供的 VLAN 分配来转发通信。VMPS 客户端从连接到动态端口的新主机所发送的第一个数据包中获取源 MAC 地址，并通过 VQP 请求匹配相应的 VLAN。

在 Cisco Catalyst 2950 和 3550 设备中，多个主机可以通过同一个动态端口连接到相同的 VLAN 上。但若活动主机数量超过 20 台，VMPS 会关闭该端口。若动态端口的连接中断，端口会恢复到隔离状态，并不再属于任何 VLAN。新连接的主机需要通过 VMPS 重新进行 VLAN 分配后，才能正常使用该端口。

2. 动态 VLAN 配置

在配置 VMPS 客户端为动态时，有一些限制，配置动态端口的 VLAN 成员身份时应遵循以下原则：

① 在将端口配置为动态端口前，必须先完成 VMPS 的配置；

②VMPS 客户端和 VMPS 服务器必须位于同一 VTP 管理域，并且隶属于相同的管理 VLAN；

③ 当端口被配置为动态时，STP 的 PortFast 功能将会自动启用；

④ 若端口从静态配置更改为动态端口，该端口会立即连接到一个 VLAN，直到 VMPS 验证该动态端口上主机的合法性；

⑤ 静态 Trunk 端口不能更改为动态端口；

⑥Ether Channel 的物理端口不可配置为动态端口；

⑦ 若有过多的活跃主机连接至动态端口，VMPS 会关闭该端口；

⑧VMPS 数据库配置文件：必须将 VMPS 数据库配置文件存放于 TFTP 服务器上，并且该文件是 ASCII 格式的文本文件。

⑨ 将交换机配置为 VMPS 服务器：完成 VMPS 数据库配置后，还需将交换机配置为 VMPS 服务器。

⑩ 配置 VMPS 客户端：在 VMPS 服务器配置完成后，需将参与动态 VLAN 的交换机配置为 VMPS 客户端。

(三) PVLAN 及其配置

1. PVLAN 概述

随着网络的快速发展，用户对数据通信的安全性要求不断提高，例如防范黑客攻击和病毒扩散等需求，需要网络用户间的通信安全。传统的方法是为每个客户群分配一个 VLAN 和相关的 IP 子网，通过 VLAN 在第二层进行隔离，从而防止恶意行为和对以太网信息的窃听。然而，这种为每个客户分配单独 VLAN 和 IP 子网的模型在扩展性上存在局限性，主要表现在以下几个方面：

①VLAN 数量的限制：交换机的 VLAN 数量有固有限制。

②IP 地址紧缺：子网划分可能导致 IP 地址的浪费。

③ 路由配置的限制：每个子网都需配置相应的默认网关。

从安全角度出发，PVLAN 是一种新的 VLAN 机制，通过在同一子网内隔离服务器，使服务器只能与其默认网关通信，提升网络隔离与安全性。这种特性称为专用 VLAN（Private VLAN，PVLAN）。

2. PVLAN 的分类

(1) PVLAN 的端口类型

在 PVLAN 体系中，交换机端口分为三类：隔离端口、团体端口和混杂端口。

① 隔离端口：此类端口之间无法进行数据交换，仅能与混杂端口通信，通常用于用户接入端口。

② 团体端口：这种端口可以与同类端口互相通信，也能与混杂端口通信，通常为需要互相通信的用户组配置，适用于同一 PVLAN 中的用户。

③ 混杂端口：混杂端口能够与同一 PVLAN 中的所有端口通信，常用于连接路由器或第三层交换机。

(2) PVLAN 类型

PVLAN 分为三种类型：主 VLAN、隔离 VLAN 和团体 VLAN。隔离端口隶属于隔离 VLAN，团体端口隶属于团体 VLAN，而主 VLAN 则作为

PVLAN 的总体代表。

隔离 VLAN 和团体 VLAN 都属于辅助 VLAN。两者的主要区别在于：同属一个隔离 VLAN 的主机不能彼此通信，而同属一个团体 VLAN 的主机可以互相通信。它们都能与主 VLAN 进行通信。

PVLAN 的应用对于确保网络中的数据通信安全性非常有效。用户只需要连接到默认网关，无须多个 VLAN 和 IP 子网就能在第二层提供安全的通信连接。所有用户接入 PVLAN 后，仅与默认网关相连，无法访问其他 PVLAN 内的用户。PVLAN 还能确保同一 VLAN 中的各端口无法相互通信，但可以通过 Trunk 端口通信。这种机制还能够防止同一 VLAN 用户间受到广播影响，例如在检测到 ARP 欺骗病毒时，通过将 VLAN 配置为隔离 VLAN，ARP 广播报文只会传送到混杂端口，不会扩散至整个 VLAN。

3. PVLAN 配置

在进行 PVLAN 配置时，通常遵循以下原则：

① 将需要第二层隔离的主机放置于同一个隔离 VLAN 或不同的团体 VLAN 中；

② 将需要第二层通信的主机划分到同一个团体 VLAN 中；

③ 将公共服务器或上联端口置于主 VLAN 内（将这些端口配置为混杂端口）；

④ 可以在主 VLAN 上为网关配置一个三层地址，或将其连接至路由器；

⑤ 交换机的上联端口也可以配置为 Trunk 模式，主 VLAN 和辅助 VLAN 均可通过 Trunk 链路传输；

⑥ 一些低端 Cisco 交换机仅支持隔离端口功能，而在高端型号如 6500/4500 系列中，支持完整的 PVLAN 功能集。

第四章　人工智能理论基础

第一节　智能的含义

一、智能的起源

智能是人类在实践中，通过观察、记忆、分析、判断，并采取有目的的行动来解决现实问题的综合能力。这种能力是人类区别于其他生物的关键特征。人类的智能不仅是自然界长期发展的产物，还是社会劳动的成果。

地球在诞生之初并不存在生命，因此也没有智能的概念。然而，所有物质的基本反应特性构成了智能形成的物质基础，生命体的感应和心理活动则是人类智能发展的前提。人类智能的形成历经三个关键阶段。

第一阶段是，从无生命物质的反应特性到低等生物的刺激感应。物质在外界作用下发生变化的能力称为反应特性，例如，岩石在风、阳光和水的作用下逐渐风化。数亿年前，低等生命体从无生命物质中诞生，这些生命体具备对外界刺激的感应能力。例如，植物的枝叶会朝向阳光，而根则向水源生长。生物的刺激感应相较于单纯的物理或化学反应表现出自主选择的特性，具备趋利避害的功能。因此，这种感应能力不再是机械性的反应，而是一种更高级的反应形式。

第二阶段是从低等生物的刺激感应进化到高级动物的感觉与心理活动。随着生物进化，逐渐出现了感觉器官和神经系统。神经系统为动物提供了感觉这一反应形式，使其能够在刺激和信息不同时出现时仍做出反应。在此阶段，动物开始形成心理活动，通过大脑这一进化的产物来协调感觉与反应，这便是动物心理的基础。

第三阶段是从动物的感觉和心理活动到人类智能的产生。人类智能不仅是自然进化的结果，也是社会发展的产物。类人猿向人的转变是通过社会劳动逐步实现的。在劳动过程中，人类不断探索自然规律，语言的出现进一步促进了大脑对感官信息的概括和抽象思维能力的发展。随着劳动和语言的共同推动，猿脑进化成人脑，构造更加复杂，出现了独特的"语言中枢"和"前额叶"，从而使人类具备了区别于动物的高级反应形式——人类智能。

二、智能的定义

"智能"一词源自拉丁语，其本义是"采集、选择"，通过这种过程来进行信息的整理与判断。人类的智能活动，简单来说就是通过脑力劳动展现出对世界的认知和改造能力。要具体理解人类智能，可以归纳为以下几个方面：

① 感知与理解能力：通过视觉、听觉、触觉等感官，人类能够获取外界环境中的文字、图像、声音和语言等"自然信息"，并进行理解。这就是人类认识世界、理解周围环境的基础能力。

② 信息处理与推理能力：大脑通过生理与心理的活动，将感性的知识转化为理性的理解，能够分析、判断和推理事物的发展规律。这种能力体现为人类构建概念、形成方法，并通过演绎与归纳做出推理与决策。

③ 学习与积累能力：通过教育、训练和经验积累，人类不断丰富自身的知识和技能。这是指在不断的学习过程中，能够获得经验并积累知识，从而提升自我。

④ 适应与应对能力：面对不断变化的外界环境，人类能够灵活地适应，做出恰当的反应。这种能力体现为人类在干扰或刺激下的自我调整和适应性。

⑤ 预见与创新能力：人类具有预测事物发展变化的能力，并能通过联想、推理、判断和决策，在实际问题中表现出洞察力与创造力。

智能并非单一的概念，它是多元的。美国心理学家加德纳在20世纪80年代提出了"多元智能理论"，打破了传统智力观的局限性。他认为，智力不仅仅包括语言能力和数理逻辑能力，还应涵盖对音乐、空间感知、肢体动作及人际交往等领域的认知。加德纳将智力定义为解决问题的能力，或在特定文化背景下创造出具有价值的产品的能力。由此可见，智力的体现离不开实际生活情境，解决实际问题是智力的核心表现形式，创新则是智力的最高境界。

加德纳提出了七种智能类型，包括：言语语言智能、逻辑数学智能、视觉空间智能、身体运动智能、音乐节奏智能、人际交往智能、自我反省智能。这一理论表明，智力并不仅限于学术或逻辑能力，还涵盖了人类多方面的潜能和能力。

从智能的本质来看，科学家们从不同角度对智能进行了探讨，揭示其多维度的复杂性。虽然这些讨论包括多个方面，但在某些层面已经达成了共识，大致可以总结为以下几点。

(一)智能具有感知能力

感知能力是指人类通过视觉、听觉、嗅觉、味觉和触觉等感官来感知和理解外部世界的能力。大脑通过这些感官接收和处理外界信息，使人类能够形成对周围环境的认知。没有感知的参与，人类将无法获取基本的外界知识，也就无法进行任何形式的智能活动。因此，感知是智能行为得以展开的基础条件之一。

前述的五种感官在功能上各有侧重，其中视觉和听觉在感知中起着关键作用。超过80%的外界信息通过视觉获取，约10%通过听觉获取。正因如此，在当前的研究领域，机器视觉和机器听觉成为智能技术发展的重要方向。

(二)智能具有记忆和思维能力

记忆与思维是大脑最核心的功能，二者缺一不可。没有记忆，思维就无法有效展开；而思维若没有记忆的支持，作用也非常有限。记忆与思维的协同工作，是智能形成的根本所在。记忆负责存储通过感官获取的外部信息及思维过程中产生的知识，而思维则对这些信息进行深入处理，包括分析、推理、判断、比较、联想和决策等过程。思维的动态性使它成为获取和应用知识、解决问题的关键途径。

思维分为多种方式，包括逻辑思维(抽象思维)、形象思维(直观思维)及顿悟思维(灵感思维)。其中，逻辑思维和形象思维是最基本的两种方式，既可以单独运用，也可以结合在一起使用，适应不同的情境。逻辑思维是遵循逻辑规则、对信息进行理性分析的一种思维方式，它帮助人们通过抽象的、概括性的方式，理解和认识复杂的世界。形象思维则是基于感性形象，对现实世界的具体现象进行直观认知的思维方式，主要通过意象来进行思维活动，通常用于创造性思维过程中的实践指导。顿悟思维则是一种意识与潜意识相互作用的独特思维方式，常表现为灵感突然闪现的时刻。

（三）智能具有学习能力、自适应能力、行为能力

学习能力是指通过学习、实践、经验积累等过程，不断丰富自身知识和技能的能力；自适应能力是指在各种环境，包括在面对干扰等不利条件下，仍能够保持高效运行的能力；而行为能力则是指根据接收到的反馈信息做出相应反应并加以输出的能力。

学习是人类的本能，每个人无时无刻不在学习，这种学习既可能是有意识的、自觉的，也可能是不经意间的、无意识的。通过与环境的不断互动，个体能够学习、积累知识、提升能力，并适应环境的变化。由于每个人的个性差异，其学习与适应能力也各不相同，从而导致智能水平的差异。

人们经常会对外界刺激做出相应反应，并传达某种信息，例如，当手被开水烫到时，会迅速将手收回。这种行为能力是由神经系统控制的，只有在神经系统正常运作的情况下，这种反应才会迅速、准确地完成。如果神经系统出现问题，类似的刺激可能不会引发适当的反应。因此，智能必须具备行为能力，而且这种行为能力必须是可靠且无故障的，才能体现出完整的智能。

总之，智能体现于对知识的掌握和运用，要想将人类的智能延伸至机器的智能，就必须对其本质有充分的理解，这样才能为进一步的研究与探索提供坚实的基础。

三、智能的本质

根据辩证唯物主义观点，智能的本质可以分为生理本质和社会本质两个角度。从生理角度来看，智能依赖于人脑和神经系统的生理活动，这是智能形成的基础；从社会角度来看，智能是人类在社会生活中对客观世界进行认知和反应的结果，反映了智能的社会属性。

（一）智能的生理本质

人类的智能依赖于大脑这一高度复杂的物质系统。大脑作为中枢神经系统的核心，与周围神经系统和其他生理系统密切配合，共同完成信息的接收、传递和处理。外部世界的信息通过感官进入人体，经过神经系统传送至大脑，大脑对这些信息进行存储、分析和加工，最终形成思想和意识。离开了这种生理活动，智能的产生便无从谈起，因此，生理机制是人类智能的物质基础。

（二）智能的社会本质

人类的智能不仅仅是生理活动的结果，更是在社会实践中不断发展和完善的：① 人脑不会凭空生成智能，它需要在社会实践中获取信息、经验和知识，才能产生对客观世界的有效反应；② 智能的形成过程是人类通过社会实践，深入探究事物的本质和规律的过程；③ 智能的发展遵循一定的逻辑结构和学习机制，它并不是一成不变的，而是通过不断学习和实践来完善的；④ 通过对事物内在规律的理解，人类智能不仅能够解释现实世界，还能够预测未来发展趋势，并为社会实践提供指导。

辩证唯物主义对于智能本质的研究，为人工智能的探索提供了一个科学的哲学基础，帮助我们更好地理解智能的复杂性及其在实际应用中的潜力。

第二节　图灵测试

由于人类对自然和自身能力的敬畏，具有智能的人工造物这一幻想自古以来就深植于人类头脑之中。然而，直到20世纪，随着艾伦·图灵——被誉为其中一位最杰出的天才的工作推进，这一幻想开始逐渐走向现实。

图灵的研究起点源自对数理逻辑的探讨，尤其是当时困扰数学界的重大难题之一，即可判定性问题。凭借其非凡的数学才华和对问题的深入探索，图灵在其论文《论可计算数及其在判定问题上的应用》中提出了一个划

计算机网络安全技术与人工智能

时代的理论——利用他设想的"计算机器"（Computing Machine）来解决这个问题。图灵提出的通用计算机器，即后来被称为"图灵机"的理论模型，奠定了现代计算机科学的基础。直到今天，这一概念依然是计算机发展不可或缺的核心，并且很可能在可预见的未来继续影响技术的进步和创新。

一、智能的载体：计算机器

在现代科学研究进入人工智能领域之前，机器已经广泛参与了人类社会的各类活动，主要作为体力劳动的重要工具。机械论的影响深远，它甚至将人体的智能活动视为一种机械行为。然而，传统机械设备的刚性结构与人体复杂的有机结构之间的巨大差异，令许多渴望探索智能造物的学者望而却步。于是，机器是否能够思考这一问题，成为研究智能机器的关键难题。

此处引用电影《模仿游戏》中关于图灵的一段经典对话，该片改编自《艾伦·图灵传——如谜的解谜者》：

诺克：机器能思考吗？

图灵：大多数人认为不能。

诺克：但你不是大多数人。

图灵：真正的问题是，你在问一个错误的问题。

诺克：怎么说？

图灵：机器不会像人类那样思考。它们与人类不同，因此它们的思考方式也是不同的。重要的问题在于，某种事物的思考方式与人类不同，是否意味着它就无法思考？大多数人相信机器在本质上低于人类，但如果只是不同，而不是低等呢？

图灵通过这一思路，引发了关于机器思考本质的深刻讨论。他不仅认为机器能够应用于解决某些"思考型"问题，而且在《论可计算数及其在判定问题上的应用》一文中，开创性地将计算机器引入数理逻辑的智能领域，并进一步提出了通用计算的概念。这一思想成为计算机科学的基石，也为后来的人工智能研究奠定了理论框架。

图灵在研究计算机器时，大胆地使用了一个比喻，将人与机器联系了起来。"可以将一个进行实数计算的人，比作一台只能处理有限种被称为'm-配置'（如 q_1, q_2, q_3, …, q_n）的情况的机器。这台机器依靠从中穿过的'纸带'（与纸类似）运行，纸带又被分成一个个部分（被称作'方格'），每个方格中都能够存储一个符号。在任意时刻，有且仅有一个方格，例如，第 r 个，其中的符号 S（r）被认为是正在机器中。我们称该方格为扫描格，扫描格中的符号称为已扫描符号。可以认为，已扫描符号是机器当前唯一可以直接认知的内容。尽管如此，通过改变 m- 配置，机器可以有效地记住之前'看到'（已扫描）的符号。任何时刻，机器可能的行为都是由 m- 配置和已扫描符号 S（r）决定的。当前这对 q_n 和 S（r）的组合将被称为配置。因此，配置决定了机器可能的行为。在某些配置中，扫描格是空的（没有任何符号），机器会在这个扫描格中写入一个新的符号，在其他的配置中它会擦除已扫描符号。机器也可以改变正在扫描的方格，但只能通过将其移动到右边或左边。除了这些操作之外，m- 配置也可能发生变化。某些已写的符号将会组成一个符号序列，该符号序列即当前以小数形式进行计算的实数；另一些则只是帮助记忆的草稿。只有这些草稿才易于消除。我认为这些操作包含了数字计算中用到的所有操作。"

值得注意的是，图灵认为机器可以分为两类：自动机（a-machine）和决策机（c-machine）。如果机器的每一步动作完全由配置决定，则称为自动机；而如果配置只能部分决定动作，则称为决策机。此外，如果自动机仅打印 0 和 1 两种符号，那么这种机器被称为计算机器。在这种机器运行时，每个阶段的完整配置，包括当前被扫描的方格、纸带上的符号序列及 m- 配置，构成了机器的当前状态。机器在每个阶段的变化，即称为它的"动作"。

二、万物皆数

进入 21 世纪，信息技术的飞速发展将人类带入了一个全新的数字时代，几乎所有的事物和活动都依赖于数字信息的处理与交换。古希腊毕达哥拉斯学派曾提出"万物皆数"的哲学命题，在当今世界，这一命题已经在日常生活中得到了全面的实现。而推动这一进程的核心理念，正是源自图灵提出的通用机。

图灵通过对机器行为的数字化分析，构建了特定机器行为的形式逻辑模型。基于这一逻辑，图灵进一步推断，理论上可以设计出一台能够计算任何可计算序列的机器，这台机器就是他所命名的"通用机"。这一观点极具前瞻性，它为现代计算机科学奠定了重要基础。

图灵提出，如果在一台机器 V 的纸带上输入另一台机器 M 的标准描述，那么机器 V 就可以按照 M 的逻辑进行运算，并输出与 M 相同的结果。这台机器 V 首先需要输入一个描述，即机器 M 的运行规则。基于这个输入，机器 V 能够模拟机器 M 的工作过程，最终输出与机器 M 一致的计算结果。因此，图灵的通用机不仅能够处理数字，还能够通过输入不同的描述来模拟不同的计算过程。这种思想为可编程计算机的发展提供了理论依据。

三、计算机器与人的相似性

图灵在《论可计算数及其在判定问题上的应用》一文中，定义可计算数时留下了一个尚未论证的结论："我们可以将一个进行实数计算的人，比作一台只能处理有限种被称为'm-配置'的情况的机器。"即"图灵机的计算能力等同于一部执行明确定义了数学过程的人类计算者"。在该论文中，图灵对此进行了精彩的论述。

图灵认为，人类的计算活动通常表现为在纸张上书写和处理符号的过程，而这一过程可以简化为在一条一维的纸带上完成，而不影响计算的结果和过程。他提出，人类的计算行为依赖于当时的"思维状态"和观察到的符号，因此计算可以被归纳为两个关键限制条件：可使用的符号数量和观察符号时的"思维状态"数量。这些限制有几个作用：① 减少了不必要的计算误差或差异；② 不会限制对复杂问题的表达，因为复杂的内容可以通过符号序列进行表示；③ 这些限制符合我们对人类计算经验的理解。

图灵进一步分析了计算过程的最基本组成部分，即"简单操作"。如果我们将人类的计算行为分解为无法再简化的基本步骤，那么每个步骤都涉及计算者与纸带之间的物理变化。了解纸带上符号的排列就可以推断出整个系统的状态，而这种状态取决于计算者的思维状态。图灵假设每一次简单操作只涉及一次符号变换，而其他复杂的符号变换则可以由这一基本符号变换组合而成。重要的是，进行符号变换的方格与被观察方格是一致的。因此，可以假设符号变换的方格始终是那些被观察方格。

除了符号的变换，简单操作还包括观察方格的移动和重新分布。新的被观察方格必须能被计算者立刻识别。为此，图灵设定了一个固定的范围，

假设为 L 个方格内，任何新的被观察方格都必须位于这个范围之内。与此相关的是可立即识别的方格类型，特别是那些被特定符号标记的方格。如果方格用简单符号标记，处理起来就较为直接；但如果方格由符号序列标记，则在处理之前还需先解析这个符号序列。

综上，可以给出简单操作的完整组成部分：(a) 改变一个被观察方格的符号。(b) 将一个被观察方格移动到前一个被观察方格距离 L 以内的位置上。图灵认为："这些改变有可能涉及一系列思维状态的转变。"因此，最为通用的简单操作只能有两种情况："一个可能的 (a) 型的符号改变及一个潜在的思维状态改变。一个可能的 (b) 型的被观察方格的改变及一个潜在的思维状态改变。"根据人类计算行为的两个决定性因素，图灵认为"在操作执行后，计算者的思维状态就确定了"。

基于上述分析，图灵认为可以设计出一台在计算行为上与人类极其相似的机器。"对于计算者的每一个特定思维状态，机器都能够对应一个特定的 m- 配置。计算者观察 B 个方格时，机器也能相应地扫描 B 个方格。在每一次运算过程中，机器能够修改被扫描方格上的符号，或将当前方格移动至距其他已扫描方格不超过 L 格的位置。移动完成后，接下来的配置状态将由当前扫描符号和 m- 配置共同决定……对于这一类机器，无论其复杂程度如何，都能够构造出一个计算机器来完成相同的计算序列，即模拟人类计算者完成的计算序列。"

这样一台能够模拟人类计算行为的机器模型，似乎已经可以被设计出来。更进一步大胆设想：这种机器是否能够模拟人类的一切行为呢？在《论可计算数及其在判定问题上的应用》中，图灵停止了对此问题的深入探讨。然而，在另一篇富有启发性的论文《计算机与智能》中，他直接将这一疑问转化为核心问题："机器能够思考吗？"这篇论文从多个角度探讨了计算机器与人类智能相似性的深层联系，成为后续关于人工智能领域研究的重要理论基石。

四、图灵测试

图灵在数理逻辑研究中建立了计算机器与人类计算者之间的等效关系。如果将这一理论进一步扩展，应用于计算机器与人类智能的对比上，是否依然成立？核心问题是，如何让人们承认机器也具备思考能力。"机器能够思考吗？"机器与人类有本质区别，因此它们的思维方式自然不同。然而，思维方式不同，是否就意味着它不能思考？许多人相信机器在本质上比人类低等，但如果事实并非如此呢？如果它们只是以不同的方式思考呢？直觉难以给出令人信服的答案，因此我们需要一种可重复的实验方法，来验证机器是否具备与人类智能相当的能力。只有在相同或对人类稍微有利的条件下证明机器的"智能"，才能让这一答案具备说服力。20世纪50年代，图灵在其《计算机与智能》一文中提出了一个具有实践意义的实验方法，这便是著名的图灵测试。

图灵测试的设定如下：想象有一台计算机，一个志愿者和一个测试者。计算机和志愿者分别处于两个不同的房间，测试者既看不到计算机，也看不到志愿者。测试者的任务是通过一系列提问来判断哪一个房间里的是计算机，哪一个房间里的是志愿者。为了避免通过非智力因素获取线索，测试者只能通过键盘输入问题，计算机和志愿者则通过屏幕进行回答。测试者不能依赖除答案以外的任何其他信息。志愿者会如实作答，并尽量说服测试者自己是人类；与此同时，计算机也将通过巧妙的回答来试图使测试者误以为它是人类。在整个对话测试结束后，如果测试者无法区分出哪一方是计算机，那么这台计算机就通过了图灵测试，并被认为具备了在该测试框架下的智能。

图灵测试是由英国数学家图灵于1950年首次提出的，专门用来检验人工智能。在测试中，测试者与一台计算机和另一名人类志愿者进行三方对话。如果测试者无法准确区分哪一方是机器、哪一方是人类，那么该计算机就被认为通过了图灵测试。

为了进行测试，图灵凭借他非凡的想象力设计了一种既有趣又具有高度智能对话的场景，称为"图灵的设想"。在这一场景中，"提问者"代表人类，而"答者"代表计算机，假设他们都读过狄更斯的《匹克威克外传》。对话的内容如下：

提问者：你14行诗的首句是"你如同夏日"，难道你不觉得"春日"更合适吗？

答者：但"春日"不押韵。

提问者：那"冬日"呢？它可是完全押韵的。

答者：确实押韵，但没人愿意被比作"冬日"。

提问者：你不是曾说匹克威克先生让你想起圣诞节吗？

答者：没错。

提问者：圣诞节是冬天的一天，匹克威克先生不会介意这样的比喻吧？

答者：我觉得你的说法不太严谨，"冬日"是指一般的冬天，而不是特别的某一天，比如圣诞节。

从这段对话可以看出，要让计算机具备与人类相同的智能水平是一项巨大的挑战。但人工智能研究正朝这个方向不断努力，"图灵的设想"可能有一天会成为现实。

图灵的理论提出后引发了广泛的讨论，因此对一些关键问题进行澄清是必要的。图灵测试中涉及的问题可以分为技术层面和原则层面。从技术层面来看，图灵在最初的论文中并未明确一些细节。首先，测试需要持续多长时间才能得出结论？是几分钟还是几天？如果时间太短，那么提问者可能无法获得足够的信息；如果时间过长，那么机器可能崩溃，而人类也可能感到疲倦。其次，交谈的主题是否有明确的限制？最后，智力水平是一个相对的概念，有些人智力超群，有些人则较为普通，而大多数人介于两者之间。一台机器可能能够欺骗智力普通的提问者，但面对专家时可能会很快露馅。另外，提问者的主观判断也会影响测试结果。是随机选择提问者，还是需要通过筛选？这些技术性问题让人质疑图灵测试是否真的是一个可操作的方案。然而，尽管如此，图灵测试在推动人工智能领域的发展上仍然功不可没。

众所周知，计算机在某些领域表现得比人类更加出色，尤其是解决复杂计算问题或进行大规模数据检索时，计算机的效率远超人类。虽然人工智能研究面临诸多挑战，但人们对其在现实中的应用充满了期待，且这一兴趣正不断上升。目前，人工智能的许多技术已经在处理一些复杂问题，并且在某些领域的表现甚至超过了人类。

以下是人工智能成功应用的一些领域：

① 在特定的医疗诊断领域，某些人工智能系统的表现已与人类医生相当。

② 基于人工智能的自主规划系统已被应用于无人驾驶的空间飞行器。

③ 探测火星表面的机器人能够传送重要数据，帮助人类探索火星，而目前人类尚无法亲自前往。

④ 机器能够过滤新闻并识别不同类别的主题。

⑤ 通过人脸图像识别技术，机器可以识别出特定的人。

⑥ 许多游戏公司将人工智能技术应用于游戏角色的智能行为上。

这些只是人工智能在实际问题中的一部分应用实例，它们实现了人类智能的部分模拟。尤其是在专业领域，人工智能的优势正进一步被发掘。

第三节　人工智能的特点与研究目标

一、计算机与人工智能

计算机的发明初衷是模仿人类大脑的计算和处理能力，以便能够高速、高效地完成重复性任务。随着科技的发展，计算机的功能有望逐渐接近人脑的运作方式。

人脑分为左右两个半球，分别具备不同的功能。左脑主要负责逻辑推理、计算和记忆储存，而右脑则擅长处理音乐、绘画等形象思维。如果计算机能够分别实现这些功能，并通过某种系统协调两者的运行，那么就有可能像人类大脑那样进行思考。然而，问题不仅仅在于模仿这些功能。人脑具有自我学习和纠错的能力，能够根据以往的经验应对新出现的情况，这种能力通常被称为"随机应变"。例如，IBM 公司曾经开发了"深思"和"深蓝"等计算机系统，这些系统在与国际象棋世界冠军的对弈中取得了胜利。然而，这些胜利并非完全依赖计算机本身，在比赛过程中，专家们不断对系统进行调试。如果仅依靠计算机自行计算，那么它在棋局的布局阶段可能表现良好，但面对全新的策略时，计算机往往会陷入困境，无法快速适应。

人工智能的研究者意识到，人类智能活动的具体步骤尚未完全被理解，这促使人工智能作为计算机科学的一个新兴分支开始发展。他们研究了多种计算模型和描述方法，试图不仅仅是创造智能机器，更重要的是揭示智能的本质。他们的核心理念是，通过人工智能程序，最有效地描述和模拟人类的智能行为。

智能活动无处不在，贯穿人类的各类行为中。如果计算机能够执行诸如下棋、猜谜等任务，那么它就被认为具备了一定程度的人工智能。例如，在国际象棋程序的开发中，现有的系统已经相当成熟，能够达到人类"专家"级棋手的水平，成为一个卓越的实验平台。然而，即便如此，这些程序仍无法超越真正的国际象棋大师。计算机的下棋策略主要依赖于对每个可能的走法进行大量搜索，考虑到棋局中不同的变化，并预测后续几步的走法。这种做法与人类棋手的思考方式类似，但不同的是，计算机可以同时评估成千上万种可能，而人类棋手通常只考虑十几种。然而，尽管计算机有这种强大的计算能力，但是它依然不能战胜顶级的国际象棋大师，原因在于，下棋并不仅仅是"向前看"几步那么简单，全面搜索所有可能的走法反而可能导致信息过载，而替换走法也未必能保证胜利。而人类棋手则凭借直觉和经验，能够在不进行彻底搜索的情况下做出正确的选择，这是计算机所无法模拟的一种特殊能力。

总而言之，人工智能的本质是通过计算机来模拟并执行人类的智能行为。如果没有计算机的诞生，人工智能的实现也就无从谈起。

二、人工智能与人类智能的本质区别

作为机器思维形式的人工智能，与作为人类思维表现的人类智能，两者之间存在着本质上的差异。

(一) 两者的物质载体不同

人类智能的物质载体是人脑这一高度复杂的生物系统；而人工智能的物质载体则是计算机，其构造是对人脑部分功能的模拟。人类智能依赖于神经元的生理活动，而人工智能依靠电子元件和计算机芯片的物理运作。

(二) 两者的运作规律不同

人脑的运行遵循生物神经系统的高级规律，是有机的、自然的过程。与之相比，人工智能的运作依赖于计算机按照预设的机械、物理和电子规则进行计算。二者的差异不仅体现在复杂程度上，更在于根本运作机制的不同。人类智能是基于自然的生物反应，而人工智能则是基于人类设计的程序指令。

(三) 两者的适应性不同

在人类的认识和改造世界的过程中，智能表现为主动性和目的性。人类可以根据外部环境的变化主动调整认知和行为，展现出高度的灵活性与适应能力。相比之下，人工智能缺乏主观能动性和目的性，无法自我调整，只能严格按照人类编写的程序执行。人工智能可以模拟人的智力活动，但其过程机械化，缺乏真正的理解能力，无法独立提出或解决新问题。

(四) 两者的认知能力不同

人类智能不仅仅依赖于逻辑和理性，还包括情感、意志、性格等多方面因素的参与。人类的认知是复杂心理过程的结果，而人工智能只能模拟其中的逻辑推理部分，无法触及人类情感层面的认知。人的心理活动由不同层次组成，最高层次为战略性思维，中间层次为信息处理，最低层次为生理活动，包括神经系统和脑部活动。相比之下，计算机的层次划分表现为程序、语言和硬件。研究认知过程的重点在于探索高级思维决策与基础信息处理的关系，并通过计算机程序进行模拟。

可以说，人类智能的不足之处正是人工智能的优势所在，而人工智能的局限性也恰好是人类智能的优势体现。人类在质的思考上有着难以超越的能力，而人工智能在数据处理的数量和速度方面则更胜一筹，两者相互补充、相互协作。计算机的发明，正是基于人类对自身智能局限的认识，以及在科学研究和生产实践中，解决人类难以处理的复杂问题的需求。

人工智能的产生与发展，为人类智能提供了前所未有的时间和空间维度，开辟了新的创造性领域。随着技术的进步，计算机的应用范围和深度不断扩展，许多曾被认为是人类智能独占的领域，诸如专家系统、模式识别、定理证明、问题求解和自然语言理解等，均开始引入人工智能技术。然而，如果因此认为人工智能可以完全取代人类思维，认为其应用没有技术边界，那是不切实际的。尽管人工智能在某些方面表现出强大的能力，但它仍然无法替代人类独有的创造力和深层思考能力。

三、人工智能的特点

(一) 人工智能具有感知能力

感知能力是人工智能的基础特征之一，要求智能系统能够模拟人类的感知功能。通过视觉、听觉、触觉，甚至嗅觉等途径，人工智能可以"感知"外部世界。基于这一特性，专门的研究领域应运而生，如自然语言理解。该领域的目标是提升人工智能在视觉和听觉方面的感知能力，使其能够理解人类的日常语言，并实现更加自然的人机交互。

(二) 人工智能具备思维能力

具备一定智能水平的系统不仅能够存储和记忆从感官输入的外部信息，还能够对这些信息与内部存储的数据进行思维性的处理。在这一过程中，人工智能利用各种技术，如知识表示、搜索、推理、归纳及联想等，来模拟人类的思维方式。正是通过这种信息处理和逻辑分析，人工智能展现出其思维能力。

(三) 人工智能具备学习能力

判断一台机器是否真正具有智能，其学习能力是关键指标之一。人工智能能够像人类一样自动获取新知识，并通过不断实践来提升其适应环境变化的能力。目前，基于人类学习过程的研究，已经开发出多种机器学习方法，诸如记忆学习、归纳学习、发现学习、解释学习和联结学习等，这些学习方法使得智能系统可以从经验中自我改进。

(四) 人工智能具备行为能力

如果将感知能力视为智能系统的输入功能模块，那么行为能力就是其输出功能模块。通过这一特性，智能机器人能够根据预设指令或人类的意图执行任务，并作用于外部环境。比如，智能控制系统能够结合自动控制技术，在无需人为干预的情况下，自主实现对目标的控制，这使得人工智能能够在实际应用中独立执行复杂的行为决策。

四、人工智能的研究目标

人类的智能是一个复杂的过程，涉及信息的获取、处理和分析，因此实现人工智能是一项挑战性极高的任务。尽管如此，人工智能依然吸引了众多科学家和技术专家的广泛关注，特别是在计算机技术飞速发展的背景下，越来越多的研究者认为，推动人工智能走向实践的条件已经成熟。

人工智能的研究主要有两种路径。第一种路径由心理学家和生理学家主导，他们认为人类大脑是智能活动的核心器官，要解开人类智能的奥秘，必须深入了解大脑的结构和神经元的工作原理。这一派的研究主张从大脑神经元模型入手，探究大脑在信息处理中的机制，这样一来，实现人工智能的问题也会迎刃而解。然而，考虑到由于人类大脑中存在着上千亿个神经元，而且模拟大脑功能的实验仍然十分困难，因此这种方法面临巨大的技术挑战。这一学派的终极目标是构建"智能信息处理理论"，这一远大的研究目标虽然艰巨，但对人工智能的长期发展具有重要意义。

第二种路径则是由计算机科学家提出的，他们主张通过模拟人脑的功能来实现人工智能。具体做法是编写计算机程序，通过运行程序模拟人类的智能行为。这种方法的研究目标较为具体，即"通过建造智能机器或系统，达到类似人类智能活动的效果"。这一途径更加注重短期的工程目标，因此得到了更多研究者的青睐，也更具实际操作性。

人工智能研究的远期目标与近期目标是相互关联、相互促进的。远期目标为近期研究指引方向，而近期目标的研究成果则为远期目标的实现打下坚实的理论和技术基础。当前取得的成果不仅造福于社会，还增强了人们对实现远期目标的信心，减少了对未来的疑虑。

值得注意的是，近期目标和远期目标之间并没有明确的界限。随着人工智能技术的发展，近期目标会不断调整，并逐渐朝着远期目标靠拢。目前，科学家在许多领域已经取得了显著进展，这进一步证明了两者的相辅相成。

五、人工智能中通用问题的求解方法

为了深入了解人工智能的核心概念，可以通过探讨其问题求解机制来

进行阐述。在人工智能的领域中，常用的一个重要术语是"状态"。所谓状态，指的是在某个特定问题的求解过程中，系统在某个时刻或某个步骤所处的情境或条件。可以将问题的求解过程视为状态的逐步演化，而问题的最终答案则是这些状态的集合或解决方案。

在求解过程中，系统状态的变化是应用某种操作符来实现的。也就是说，求解某个问题的过程就是通过操作符将系统从一个状态转移到另一个状态的过程。这个过程不断重复，直至系统达到预期的目标状态，即问题的最终解决方案，这种通过状态转移来逐步逼近目标的方法，称为"状态空间方法"。状态空间方法是人工智能领域中非常重要的通用问题求解方法之一，它将问题的求解过程抽象为一种在状态空间中的搜索行为。每一个状态都可以看作问题的一部分解答，而操作符则是在状态空间内移动的工具。通过选择合适的操作符，人工智能系统能够有效地从初始状态逐步转移到目标状态，找到问题的解答。为了更加形象地理解这一方法，可以将状态空间方法类比为迷宫中的寻路问题。迷宫中的每个位置代表一个状态，而从一个位置移动到另一个位置就类似于操作符的作用，通过不断选择路径，最终找到从起点到终点的路线。与之类似，人工智能系统通过状态空间中的搜索，不断调整和应用操作符，最终寻找到问题的解答。在状态空间方法的基础上，人工智能还发展了许多其他的求解方法，如启发式搜索、回溯法和深度搜索等。这些方法通过不同的策略和算法，能够在复杂问题中加速求解过程，并提高解的质量与效率。例如，启发式搜索通过引入启发函数来指导搜索方向，从而减少不必要的状态转移，提升搜索的效率。

第五章　人工智能的原理

第一节　知识的表达与自然语言理解

一、知识的定义

人类社会由工业时代向信息时代转型，信息社会的特征之一是大规模的知识生产。在这一社会形态中，知识以物化的力量被广泛应用于生产和社会各领域，从而推动生产力的飞跃性增长并引发社会生活的深刻变革。

知识是人们通过实践活动认识到的关于客观世界的规律性认知。知识是对信息的深加工，包含了事实、信仰、启发式规则。常见的知识类型包括陈述性知识、过程性知识和控制性知识。陈述性知识提供概念和事实，如智能检索系统中数据库内的具体事实信息。过程性知识则用于表述解决问题的过程，智能信息系统便是通过过程性知识来处理陈述性知识的。而控制性知识或称为策略知识，包含了处理过程、策略和结构上的认知，用以协调整个问题解决过程。至于计算机程序的结构，一般的智能系统被视为三级结构：数据级、知识库级和控制级。数据级涉及特定问题及其当前状态的陈述性知识；知识库级则是领域内问题解决所需的过程性知识，展现了数据操作的具体过程；控制级对应过程性知识的控制策略，也称为元知识。

至于复杂的基于知识的应用系统，其内部通常涵盖多种不同的问题解决活动，每种活动可能需要采用不同的知识表示方法。是否采用统一的知识表示方式，或是根据需求采用不同的表示方法，是系统设计时的一大考量。统一的表示方法简化了知识的获取和维护，但可能降低处理效率；而多样的表示方法虽提高了效率，却可能使知识的获取和维护变得复杂。在实际操作中，选择合适的知识表示方法需要综合考虑多个方面：① 表示能力，即准确、有效地展示所需知识；② 可理解性，即知识应易于理解和阅读；③ 便于知识的获取，即系统能够持续增加知识，同时易于消除知识间的矛盾，维护一致性；④ 便于搜索，即支持高效的知识库搜索，快速感知事物间的关系变化；⑤ 便于推理，能从现有知识中推导出所需答案和结论。

从逻辑抽象的角度，知识可分为：① 对象知识，是指客观事物及其联系的知识；② 进程知识，即关于事态发展或活动的知识；③ 技巧，即通过经验获取的知识；④ 常识，泛指普遍存在且被普遍认知的客观事实；⑤ 元知识，即关于知识的知识。

二、知识表达问题

将人工智能问题映射到产生式系统（如 GDB、RB），可以视为问题的表达方式。那么，将问题域知识映射到全局数据库 GDB 和规则库 RB 等结构，便是知识的表达问题。

从构建知识库系统的角度出发，知识表达需关注以下几方面：

① 语法数据结构，是知识存储及访问的基本形式。

② 语义解释过程，此过程为知识结构提供具体含义，使得含语义的数据结构能在问题解决程序中展现出基于知识的行为。

对人类而言，用自然语言表达知识是司空见惯的，然而，自然语言面临着多义性和模糊性两大主要问题。

(一) 多义性

① 灯谜活动中的表述："猜中者可得到一份奖品，包括一本笔记本和一支铅笔或一支圆珠笔。"此句中"和"与"或"的使用造成了语义的二义性，既可以理解为获得笔记本和铅笔或圆珠笔中的任一，也可以解读为同时获得笔记本和铅笔，或单独获得圆珠笔。

② "They are using a mouse." 在日常生活中，"mouse"指的是我们用来操作电脑的"鼠标"。因此，句子"They are using a mouse"的意思是："他们正在使用鼠标。"这种解释适用于计算机使用的背景。

在生物学领域，"mouse"是指"老鼠"，一种哺乳动物。所以在某些科学环境下，句子"They are using a mouse"的意思是："他们正在使用老鼠（进行实验或研究）。"

(二) 模糊性

在日常生活和业务活动中，人类频繁使用不精确的、不完全的、不确定的概念，如"很大""比较小""相当好"等。这些模糊概念体现在如下自然语言表述中："如果要卖的电视机是旧的且价格低廉，则这台电视机的质量可能较差。"此句中，"旧的""低廉""较差"等均为模糊词。

自然语言的结构不规整性、成分间的复杂关联及模块性的缺失也都为直接使用自然语言表达知识带来了挑战。鉴于自然语言的语法和语义规则尚未被完全理解且语言本身持续演化，建立知识库和实现机器智能时，迫切需要采用与自然语言不同的形式化知识表达方式。

尽管研究人员已经提出多种知识表达方式，具备各自独特的数据结构和解释过程，但目前尚无统一通用的优选标准。知识表达方式的效能往往与解决问题的类型及其特性直接相关。从广义上说，所有知识表达方式在某种程度上是等效的，最终均需转化为某种计算机语言。但对于特定的问题域，只有少数表达方式能以简洁和恰当的方式突显其结构特征，从而促使计算机高效处理。

尽管难以确定一个普遍适用的标准来评估知识表达方式，但根据人工智能问题求解的一些共性，总结出以下几个评价标准：

1. 表达范围广泛和准确性好

理想的知识表达方式应能准确涵盖广泛的客观领域知识，并能涉及多种类型的知识。

2. 模块性和可理解性好

具有良好模块性的知识表达方式通常具备以下特点：易于理解、方便修改、适合并行处理，且具有高并行效率、高效的访问性能。知识库的有效组织依托于知识的表达形式，这种组织方式将直接影响知识系统的运行效率。

智能的形成依赖于知识，而知识表达是人工智能研究中的核心议题之一。逻辑、语义网络、过程及框架等，均为目前广泛使用的知识表达方式，每种方式都有其优势和局限。

总的来说，知识表达的研究方向主要包括：

① 新表达方式的探索，以促进知识库及知识处理效率的提升；

②标准化，主要涉及表达术语、基本元素及表达技术的标准化；

③非精确性知识常识、时间的变化性及对知识库自身知识的表达和处理方法的研究；

④知识表达的综合模式，在此模式中，知识表示系统将具备自动任务分配和任务与表达模式匹配的能力。

三、自然语言理解

自然语言是人类专有的交流工具，对其进行理解是一项颇具挑战的任务。自然语言理解过程不仅取决于对语言学理论的全面理解和熟练运用，而且需具备与所讨论议题相关的一系列深度专业知识的底蕴。只有将这两类知识进行有效的融合和共同利用，方可发展出效能显著的自然语言理解系统。对这一领域的探究起源于机器翻译，作为人工智能发展初期一个极具生命力的研究分支，由于其高复杂性的特性，至今尚未在该领域内实现绝对的精度和高度的发展。

自然语言，如汉语和英语等，指的是人类的母语，与 C 语言、JAVA 等人造计算机语言相对。语言不仅是思维传递的媒介，也是人与人交流的重要工具。在人类的历史长河中，通过语言和文字形式记录和传承的知识量占到了所有知识的绝大多数。从计算机应用的角度看，大约85%的应用都涉及语言文字的信息处理。在数字化时代，一个国家的语言信息处理技术及其处理的信息总量，已成为衡量该国现代化水平的关键指标之一。

自然语言理解是语言信息处理技术中一个高级的研究领域，始终位于人工智能核心议题的前沿，也是一个极具挑战性的课题。自然语言的多义性、依赖上下文、模糊性、非系统性和与环境的紧密关联，以及涉及的广泛知识面，使得许多系统不得不选择回避这些难题。此外，理解本身并非绝对概念，它与应用目标紧密相关，如用于回答问题、执行命令或进行机器翻译，因此，目前还没有一个公认的、被广泛接受的自然语言理解的定义。从微观角度看，自然语言理解可以被视为自然语言向机器内部映射的过程；而从宏观角度来看，它指的是机器能够实现人类期望的特定语言功能。这些功能包括：

①回答问题：计算机能够准确回答以自然语言形式提出的问题。②文

摘生成：机器能够根据输入文本产生相应的摘要。③ 释义：机器能够用不同的词汇和句式重述输入自然语言信息。④ 翻译：机器能将一种语言翻译成另一种语言。

自然语言主要分为口语和书面语两种形式。相较之下，书面语的结构更为严密，噪声更少。口语信息常包含语义上不完整的句子，如果听众对话题了解不够，那么有时可能难以把握口语的意义。书面语理解涵盖词法、语法和语义分析，而口语理解还需加入语音分析环节。

如果计算机能够理解和处理自然语言，使得人机之间的信息交流可以通过人们熟悉的母语进行，那么这将标志着计算机技术的一大飞跃。同时，创造和使用自然语言是人类智能的高级表现，因此研究自然语言处理也有助于探索人类智能的深层次秘密，进一步加深我们对语言能力和思维本质的理解。自然语言理解这一研究方向在理论和应用两个层面上都具有极其重要的价值。

随着计算机技术和人工智能的迅速发展，自然语言理解领域也持续取得进展。自 20 世纪 60 年代起，已有多个成功的自然语言理解系统被开发出来，专门处理一些受限的自然语言集合。这些语言集合可能在句子结构的复杂度上有所限制（句法限制），或者在其表达事物的范围上有所限制（语义限制或领域限制）。目前市场上也已经涌现出一些具备自然语言处理功能的商业软件。然而，要想使机器能够像人类一样自然地运用自然语言，仍然是一个长期且艰巨的任务。

自然语言是人类智慧的产物，处理自然语言是人工智能领域中最具挑战性的问题之一。自然语言处理的研究充满了吸引力和挑战。伴随着计算机和互联网的普及，计算机处理的自然语言信息量呈爆炸式增长，文本挖掘、信息提取、跨语言信息处理、人机交互等领域的应用需求迅速扩大。这些研究对我们生活的影响日益深远。

研究人员已经在自然语言理解的多个层次进行了研究，包括词法分析、句法分析、语义分析、大规模真实文本分析，以及语用分析等。这些都是基础的技术和方法，要用它们来有效解决实际问题并取得良好效果，如进行句子和文本的翻译、处理语言环境等，还需克服许多困难。

自然语言理解的研究已经取得显著进展，尤其是在人机交互、机器翻译、搜索引擎等应用领域，自然语言理解技术已广泛应用。展望未来，自然语言理解技术有望成为大多数软件系统的一个基本组成部分。

第二节　自动推理与不确定性推理

一、自动推理

(一) 自动推理概述

推理是从一个或几个已知的前提中，逻辑地推导出一个新的结论的思维形式，是对事物客观联系的抽象反映。人类在解决问题的过程中，依赖于过往的经验和知识，通过推理得出新的结论。自动推理理论与技术在众多领域中有着广泛的应用，如程序推导、程序正确性验证、专家系统、智能机器人等。这些领域的发展都离不开自动推理的支撑。

1. 对自动推理的早期研究

自动推理的早期工作集中于对机器定理证明的研究，尤其是如何自动化地验证数学命题的正确性。所谓机器定理证明，其核心在于寻找一个通用算法，能够判断某个命题的逻辑公式是否有效。对于命题的逻辑公式，其解释的可能性是有限的，因此可以设计出一个在有限时间内做出判断的通用算法，以确认一个公式的有效性或无效性。然而，对于一阶逻辑公式来说，解释的可能性往往是无限的，丘奇和图灵在他们的研究中证明，不存在一个通用算法可以判定所有一阶逻辑公式的有效性。

尽管如此，丘奇和图灵的研究表明，若某个一阶逻辑公式是有效的，则可以通过某些算法验证其有效性，虽然对于无效公式，这些算法在多数情况下无法给出终止的结果。这一发现为自动推理领域的进一步研究奠定了基础。

2. 定理证明的重要贡献

在20世纪30年代，希尔伯特为定理证明引入了一种全新的方法，这种方法在后来成为机器定理证明的基础。随后，赫伯特·西蒙和艾伦·纽威尔的工作进一步推动了这一领域的发展，他们开发了"逻辑理论家"，这是早期的定理证明程序之一。

自动推理的突破性进展来自鲁宾孙提出的归结原理。归结原理的提出使得机器定理证明进入了实际应用阶段。归结原理的规则简明且逻辑完备，因此被广泛应用于逻辑编程语言 Prolog 的计算模型中。随着时间的推移，新的推理方法陆续被提出，如自然演绎法和等式重写等。这些方法在某些场景下相较于归结原理具有一定优势，但它们在本质上都存在组合爆炸的问题，即随着推理复杂度的增加，计算资源需求也急剧增长，导致推理的难解性成为一大瓶颈。

3. 推理方法的多样性与局限

在实际系统中，推理过程往往包含大量非演绎部分，导致不同推理算法的兴起。这也表明了单一的推理方法无法适用于所有问题领域。每种推理算法都具备其特定的应用场景，并依赖于特定领域相关的策略和知识表示技术。因此，期望通过一种统一的基本原理来解决所有人工智能问题的想法变得不切实际。寻找一个更为通用的推理算法仍然是人工智能研究中的重要目标。

根据推理过程中结论的变化情况，推理可以分为单调推理和非单调推理。所谓单调推理，是指随着推理的进行及新知识的不断加入，推理得出的结论始终是递增的，不会出现前后矛盾的情况。也就是说，在单调推理中，一旦某个结论被得出，后续的推理和新知识的加入不会推翻该结论，反而会逐步接近最终目标。基于经典逻辑的归结推理属于这种类型。

与此相对的，非单调推理则表现出不同的特征。它是指在推理过程中，随着新知识的加入，可能推翻之前得出的结论，迫使推理过程退回到某个早期阶段重新开始。这种情况通常发生在知识不完备的情况下，为了继续推理，系统往往需要做出一些假设，并基于这些假设进行推理。当后续新知识的加入证明原来的假设不正确时，系统就必须推翻该假设及其相关的结论，重新进行推理。这种推理方法虽然看似反复，但在生活场景中是常见的。例如，在处理复杂的社会实践问题时，常常依赖非单调推理来调整和修正人们的判断。

4. 自动推理的未来展望

自动推理技术的不断发展为人工智能和其他相关领域提供了强有力的

支持。尽管目前的推理算法仍然存在许多挑战，如推理的难解性和知识表示的局限性，但随着计算能力的提升和算法的优化，自动推理在各个领域的应用前景将非常广阔。

未来，自动推理技术有望在更多复杂领域中发挥更大的作用，如医疗诊断、法律判决和自动驾驶等。通过融合大数据、机器学习和自动推理技术，我们或许能够实现更智能的系统，帮助人们应对复杂问题的挑战。

(二) 三段论推理

三段论是一种被广泛应用于逻辑推理中的经典形式，由三个性质命题组成，其中两个作为前提，另一个作为结论。例如：

① 所有的推理系统都是智能系统。

② 专家系统是推理系统。

③ 因此，专家系统是智能系统。

以上就是一个典型的三段论推理示例，它由三个性质命题构成：①、② 是前提，③ 是由前提得出的结论。三段论中的三个概念分别称为大项、小项和中项。其中，大项是结论中的谓项，用符号 P 表示；小项是结论中的主项，用符号 S 表示；中项是出现在两个前提中的那个概念，用符号 M 表示。在这个例子中，"智能系统"是大项，"专家系统"是小项，而"推理系统"则是中项。

1. 三段论的格与式

三段论根据大项、中项、小项在前提中的不同位置，形成了多种形式，这种不同的形式被称为三段论的"格"。也可以认为，三段论的格是由于中项在两个前提中的位置不同所导致的。在每一个三段论推理中，前提和结论的结构都是独特的，它们各自有着特定的格和式。

所谓三段论的"式"，是指构成前提和结论的命题的性质 (质) 和范围 (量) 的不同组合。命题的质是指该命题的肯定或否定性质，而命题的量则表示该命题中的量项是全称的还是特称的。全称表示对某一概念的整体进行判断，特称则仅涉及该概念的部分。质与量的结合可构成四种命题形式：

① 全称肯定命题，通常用字母 A 表示，表达形式为"所有的……都是……"。例如，"所有的学生都是勤奋的"。

② 全称否定命题，通常用字母 E 表示，表达形式为"所有的……都不是……"。例如，"所有的猫都不是鸟"。

③ 特称肯定命题，通常用字母 I 表示，表达形式为"有些……是……"。例如，"有些人是科学家"。

④ 特称否定命题，通常用字母 O 表示，表达形式为"有些……不是……"。例如，"有些树不是苹果树"。

上述四种命题（A、E、I、O）在两前提和一个结论中的不同组合形式，构成了三段论的各种"式"。例如，若大前提、小前提和结论均为全称肯定命题（A），则这种三段论称为"AAA 式"三段论；若大前提为全称肯定命题（A），小前提和结论为特称肯定命题（I），则称为"AII 式"三段论。

在三段论推理中，前提和结论可以是上述四种命题中的任意一种。按照前提和结论的质和量的排列组合，理论上可产生 $4 \times 4 \times 4 = 64$ 种"式"，每一种"式"又可以根据中项在前提中的不同位置产生四种不同的"格"。这样一来，结合格与式，三段论理论上有 $64 \times 4 = 256$ 种可能的格与式组合。

2.三段论的有效性

尽管理论上存在 256 种三段论的格和式组合，但依据形式逻辑的相关定理，只有其中的 24 种可以推出正确的结论。这 24 种组合是三段论推理中"有效"的形式，即只有在这些格、式中进行推理，才能保证推导出的结论具有逻辑上的正确性。

根据现代逻辑理论，在去掉那些不严格或含糊的形式之后，还要考虑空类（不包含任何实际对象的概念）和全类（包含所有可能对象的概念）等因素，最终能被视为有效的三段论形式只有 15 种。所谓"去掉弱式"是指对于那些能够得出全称结论却只得出特称结论的三段论推理形式，将其排除在有效形式之外。这样做是为了确保三段论推理的结论更为精确、明确。

在推理过程中，若推理者使用了无效的三段论格、式，并基于此得出结论，那么就容易出现逻辑错误。这种错误不仅仅是对推理形式的误用，更是对逻辑规律的违反。因此，理解并掌握有效的三段论推理形式，对于逻辑推理和论证来说至关重要。

(三) 正向推理

正向推理，也被称为数据驱动推理，这种推理策略的核心在于从已知的初始数据出发，逐步应用各种规则，最终达到目标状态。在这个过程中，首先从用户输入的已知事实开始，通过遍历规则集合，选择一个合适的规则来应用，从而推导出新的事实。这些新推导出的事实将被纳入数据库，成为继续推理的基础。

具体来说，正向推理就像是解开一串连环的谜题，每解开一环，就基于当前的信息继续推向下一环。这个过程不断重复，直到达到预设的目标，或者再无适用的规则可用。这种推理方式的优势在于直观、简洁，并能够在明确的路径下快速得出结论，尤其适用于那些目标状态较为明确的问题。

(四) 反向推理

与正向推理相对的是反向推理，它从假设的目标状态出发，反向寻找支持这一目标成立的证据。这种策略首先设定一个目标假设，接着探索所有可能支持这一假设的证据。如果所有必要的证据都能被确认，那么可以认为假设成立；反之，如果找不到支持假设的证据，那么假设就被认为是不成立的。

反向推理更像是一个侦探工作，需要在多个假设和证据之间找到逻辑上的连接。这个过程中，如何选择假设、如何验证每一个条件，都需要进行细致和系统的分析。例如，当一条证据被验证后，可能需要立即转而验证另一个相关条件。这样的过程往往呈现出树状的逻辑结构，每到达一个"叶节点"(一个可以被确认的事实)，就需要回溯到上一层，这可能涉及不断的上下求证，直到最终确认原始假设是否成立。

此外，反向推理的主要优点在于它的目的性非常强，只使用与目标直接相关的知识，非常适用于复杂问题的解决，尤其是在需要提供推理解释时。然而，它的缺点也很明显，即初始假设的选择可能具有很大的不确定性，如果假设选择不当，可能需要多次调整假设，这会降低系统的效率。

(五) 混合推理

1. 混合推理的概念

在推理过程中，正向推理和反向推理各有其优劣。正向推理尽管能有效从已知事实出发逐步推导，但由于缺乏明确的目标，常常会出现盲目、低效的问题，可能会引出许多与目标无关的子结论，导致推理路径复杂。而反向推理则是从目标出发进行假设，逐步检验以验证目标的可能性。然而，如果所设定的目标与实际情况不符，那么推理的效率也会大打折扣，甚至可能走入误区。为了充分发挥正向推理与反向推理的各自优势，通常将两者结合起来，形成"混合推理"，实现互补，从而提高推理的整体效率和准确性。

所谓混合推理，是指在推理过程中既运用正向推理又使用反向推理，以便充分发挥两者的长处，实现更灵活、更准确的推理。在特定的情境下，混合推理能够有效解决单一推理方式所带来的问题，使推理过程更具针对性和高效性。

2. 混合推理的适用情况

(1) 已知事实不充分

当推理所依赖的事实基础不足时，单纯依靠正向推理往往难以匹配足够的知识进行推理，这意味着推理过程可能无法进行下去。例如，当数据库中存储的已知事实有限，正向推理无法找到符合运用条件的知识时，会导致推理中断。此时，混合推理的优势就得以体现：可以先用正向推理将那些与现有事实部分匹配但不能完全符合的知识找出来，将它们的潜在结论视为假设，再通过反向推理来逐一检验这些假设的合理性。由于反向推理允许与用户交互、询问证据，系统就有可能从用户处获取补充信息，使推理能够顺利进行。

(2) 正向推理结论可信度不高

正向推理虽然能够推出结论，但有时这些结论的可信度可能不高，难以满足预期的精确度要求。在这种情况下，混合推理可以通过反向推理来验证结论或提高其可信度。具体做法是将正向推理得出的结论视为一种假设，然后进行反向推理，向用户询问补充信息或证据，从而提高结论的可信度。这样，经过验证或补充的结论往往比单纯正向推理所得的结论更加可靠。

（3）希望得到更多的结论

在反向推理的过程中，由于要与用户对话、交流信息，系统往往能够从用户处获得一些原先未掌握的有用信息。这些新信息不仅有助于验证正在推理的假设目标，还可能帮助推导出更多的结论。因此，在通过反向推理证实某个假设后，可以利用这些新获得的信息再进行正向推理，从而得出更多推论。例如，在医疗诊断系统中，先通过反向推理证实患者患有某种疾病，然后借助反向推理中获取的信息再开展正向推理，就有可能进一步推断出患者可能患有其他相关疾病，从而丰富诊断结果。

3. 混合推理的应用方式

综合上述情况，混合推理可以分为两种主要应用方式：

① 先正向推理后反向推理：首先，通过正向推理，从已知的事实推导出若干可能的结论或目标。其次，通过反向推理来证实这些目标的合理性，或者提高其可信度。这样做的好处是正向推理可以帮助快速筛选出可能的目标，使后续的反向推理更具针对性。

② 先反向推理后正向推理：先对某一目标进行假设，运用反向推理来验证目标。在验证过程中，借助与用户的交互获取更多信息，再利用这些新信息进行正向推理，得出更多的推论。这样不仅可以验证初始目标，还能从中延伸出其他有价值的结论。

混合推理将正向推理和反向推理有机结合，既弥补了正向推理的盲目性，又克服了反向推理目标假设不准的缺陷。通过在特定场景下合理地切换推理方式，混合推理能够提高推理效率，获得更高可信度的结论，且有机会挖掘出更多相关结论。因此，混合推理在许多需要智能推理的领域都具有重要应用价值。

二、不确定性推理

（一）知识的不确定性

在推理中，知识的不确定性是一个无法忽视的重要概念。相较于确定性推理中的"非黑即白"，不确定性推理则更加复杂，它允许结论既不完全正确，也不完全错误，而是存在模棱两可的情况。这种不确定性贯穿人类的认知与推理过程，是我们理解世界、分析问题时面临的常态。例如，一个病人高烧，可能是由流感引起的，也可能是由肺炎或其他疾病引起的，这种无法直接确定的状况就是知识中的不确定性。

在不确定性推理中，随机性是一种最常见的表现形式。世界充满了随机性，它使得我们生活中处处存在不可预测的因素，也为创新和创造提供了无限可能性。确定性告诉我们的是关于事物的普遍规律，例如通过统计学得出的数据模型，这些规律适用于大多数情况。然而，在个别情况下，随机性所带来的变化却极具影响力，尤其是当某些小概率事件发生时，往往能够颠覆我们的预期，甚至创造奇迹。

随机性的不确定性推理往往依赖于统计和概率分析。例如，在天气预报中，虽然根据历史数据和大气状况可以预估天气变化趋势，但由于大气运动的复杂性，预测总是带有一定的随机性。即便预报了90%的晴天概率，但仍有10%的概率可能会下雨。这就是随机性带来的不确定性，给我们的判断带来多样的可能性，同时也在某种程度上激发了人们应对变化的灵活性。

除了随机性，模糊性也是知识不确定性的重要表现之一。模糊性允许我们在面对复杂事物时，用较为宽泛的标准做出高效的判断。与追求精确的确定性不同，模糊性帮助我们在处理信息时通过简化来提高效率。人类的认知世界中，很多事物本质上并不精确，例如语言、图像或日常经验中的感知。我们常常凭借模糊的判断来做出决策，且这些决策在大多数情况下是有效的。

比如，人类在沟通中，不一定需要听到每一个字词的清晰发音才能理解对方的意思，即便语句有缺漏，语境和语义仍然能帮助我们理解整个表达。这种基于模糊信息的理解方式大大提高了交流的效率。同样，在日常生活中，我们也无须对所有细节进行严格的量化。例如，画家在描绘风景时，不需要精确测量每一棵树的位置和形态，而是通过模糊的轮廓与色彩表达自然的美感。医生在诊断病症时，往往也凭借患者的一些模糊症状进行初步判断，从而决定是否需要进一步的检查。

知识的不确定性还源自知识的不完备性和不协调性。知识的不完备性包括内容和结构两方面的问题。知识的内容可能是不完整的，往往是由于观测手段有限、数据获取不充分等原因。例如，在科学实验中，我们往往只能掌握部分实验数据，无法获取所有可能的影响因素，这就导致了知识内容的局限性。另外，知识的结构也可能是不完备的，这是因为人类的认知能力有局限性，导致我们难以从全局的角度去认识某个问题。例如，当研究一个复杂的社会现象时，常常忽略某些重要的背景因素，从而影响对问题的整体把握。

不协调性是知识不确定性的另一种体现形式，它指的是知识内部存在的矛盾和不一致性。人类的知识体系本身并非完美一致，知识的冗余、冲突、干扰等都是常见现象，面对这些不协调性，人类并不需要在所有情况下都强行追求一致性。事实上，包容不协调性有助于我们从多个角度理解问题，允许对知识进行多元化的处理。例如，科学理论中常常存在不同假说共存的情况，虽然这些假说之间可能相互矛盾，但它们为科学探索提供了多种可能的解释路径，推动了科学的进步。

除了不完备性和不协调性，知识的非恒常性也是导致不确定性的一个重要因素。知识是随着时间推移不断发展的，随着新的发现和技术的进步，曾经被认为正确的知识可能会被推翻或修正。科学研究就是一个不断"否定之否定"的过程，每个新发现的背后都意味着旧知识体系的部分更新。例如，经典力学曾经被认为是解释物理世界的终极理论，但随着相对论和量子力学的提出，人类对物质世界的理解进一步深化。

非恒常性意味着我们对世界的认识永远不会停滞于某一个固定的水平。随着时间的推移，新的信息、技术和视角不断涌现，知识体系也会相应地调整和扩展。这种变化性正是知识不确定性推理的核心之一，人类对自然、社会和自我的认知始终处于一个动态更新的过程。

知识的不确定性不仅是人类认知过程中不可避免的现象，也是推动知识进步的动力。随机性和模糊性使人们能够灵活应对复杂的现实，不完备性和不协调性则提醒人们要以开放的心态对待知识的局限性和多样性。而非恒常性则表明知识的动态演进，促使人们不断修正和更新已有的认知。理解并接受知识中的不确定性，是掌握不确定性推理的关键，也是人们在面对复杂世界时做出合理决策的重要基础。

(二) 不确定性推理要解决的基本问题

推理是运用已有知识来解决问题的过程, 其本质是通过证据和规则的结合推导出结论。知识本身具有不确定性, 因此推理得出的结论也可能是不确定的。在基于规则的专家系统中, 不确定性主要体现在三个方面: 证据、规则和推理。必须对系统中的事实 (证据) 和知识 (规则) 进行不确定性描述, 并基于此设计出不确定性传递的计算方法。要实现对不确定性知识的有效处理, 必须解决以下三个问题: 不确定知识的表示问题, 不确定信息的计算问题, 以及不确定性表示和计算的语义解释问题。

表示问题是指采用何种方法来描述不确定性, 这是不确定性推理中的关键环节。目前常用的表示方法有数值表示和非数值表示, 但这两种方法各有优缺点。数值表示便于进行计算和比较, 而非数值表示则是一种定性的描述方法, 能够更好地应对复杂的不确定性情况。

如前所述, 专家系统中的 "不确定性" 通常分为两类: 一类是知识的不确定性, 另一类是证据的不确定性。一般来说, 证据的不确定性表示方法应与知识的不确定性保持一致, 且证据的不确定性通常用数值来表示, 这个数值反映了证据的不确定性的程度, 通常被称为 "动态强度"。

(三) 不确定性推理方法分类

不确定性推理方法的研究大致沿着两条不同的路线展开: 一是在推理层面上扩展不确定性推理的方法, 其特点是将不确定性的证据和知识分别与某种量化标准关联起来, 并给出更新结论的不确定性算法, 进而形成一种不确定习性推理模式。我们将这种方法统称为 "模型法"。二是在控制策略层面处理不确定性的方法, 其特点是通过识别领域内导致不确定性的特定因素并制定相应的控制策略, 来限制或减少不确定性对系统的影响。这类方法没有统一的模型, 其效果高度依赖于控制策略的质量, 因此称之为 "控制法"。

模型法进一步分为数值法和非数值法两类。数值法是对不确定性进行定量表示和处理的方法, 是不确定性推理研究的重点。非数值法则包括所有不依赖数值表示的其他处理方法, 如古典逻辑方法和非单调推理等。

在数值法中, 概率方法是其中的重要手段。概率论具有完备的理论体系和现成的公式，能够用于合成和传递不确定性，因此成为衡量不确定性的重要工具。尽管纯粹的概率方法有严格的理论支持，但通常需要提供先验概率和条件概率，而这些数据往往难以获得，限制了其实际应用。为解决这个问题，研究者在概率论的基础上发展了诸多新方法，如可信度方法、证据理论和主观 Bayes 方法（主观概率论）。

可信度方法：MYCIN 专家系统使用的推理模型。该方法基于确定性理论，操作简便、易于应用。

证据理论：通过定义信任函数和似然函数，区分已知和未知情况。相比于概率函数的公理，证据理论的公理要求更为宽松。

主观 Bayes 方法：这是在 PROSPECTOR 专家系统中采用的一种不确定性推理模型。通过对 Bayes 公式的修正，主观 Bayes 方法为概率论在不确定性推理中的应用开辟了新的路径。

虽然基于概率的数值方法在处理现实中的不确定性上有重要作用，尤其在人工智能的不确定性推理领域，但它们无法很好地反映事物的模糊性。扎德等人提出的模糊集理论及其衍生的可能性理论弥补了这一不足。概率论主要处理随机性引发的不确定性，而可能性理论则处理模糊性引起的情况，开辟了新的途径，并得到了广泛应用。

第三节　人工智能问题求解过程

一、搜索

广义而言，人工智能的问题求解过程可以看作一个寻找答案的过程，问题求解是人工智能的核心任务。这个过程通常是通过在一个可能的解空间中寻找可行解来完成。在解决实际问题时，很多情况下并没有明确的算法来直接应对，常常需要依赖搜索算法。所谓问题，实际上是由一个目标和实现目标的多种方法组成，而搜索就是探索这些方法的过程，目的是找到能够实现目标的方法组合。

在问题求解过程中，通常需要解决两个关键问题：一是如何选择适当的状态空间来表示问题；二是如何判断目标状态是否已经在这个状态空间中达成。我们将探讨目标状态的确认和最优路径的选择，以及从初始状态到达目标状态所需的各种变换。为此，我们会先讨论一些常用的搜索算法，如宽度优先搜索、深度优先搜索等，接着再介绍启发式搜索算法和问题的简化方法，最后讨论博弈中的智能搜索算法和约束满足问题的解决方案。

人工智能领域面临的大部分问题都属于结构不良或非结构化问题，这类问题通常缺乏现成的求解算法。对于给定的问题，智能系统通常需要找到一个能够实现目标状态的动作序列，并尽量减少成本、提高效率。问题求解的第一步就是明确目标的表示。搜索的核心在于找到实现目标的动作序列，搜索算法的输入是具体的问题，而输出则是一个以动作序列形式展现的解决方案。一旦确定了解决方案，系统就可以进入执行阶段。因此，问题求解主要包括三个阶段：目标表示、搜索和执行。在这三个阶段中，搜索问题是最关键的。

给定一个问题时，首先要确定该问题的基本构成。一个问题通常由四个要素组成：

① 初始状态集合：描述问题开始时的环境和条件。

② 操作符集合：定义了可以将问题从一种状态转换到另一种状态的操作或动作。

③ 目标检测函数：用于判断某个状态是否达到了预期的目标。

④ 路径费用函数：为每条解决路径分配一个相应的代价或费用，用于评估路径的优劣。

其中，初始状态集合和操作符集合共同决定了问题的搜索空间。

在人工智能领域，搜索问题通常包括两个核心问题："搜索的目标是什么"和"在哪里进行搜索"。前者指的是要寻找的结果或目标，后者则指所谓的"搜索空间"。这个搜索空间可以理解为由一系列可能状态组成的集合，因此也被称作"状态空间"。与一般搜索问题不同，人工智能中的状态空间通常在问题求解的初期并非完全已知，因此需要根据问题逐步生成。

人工智能中的搜索过程可以分为两个主要阶段：一是生成状态空间，二是在生成的状态空间中进行目标状态的搜索。问题的状态空间可能非常庞大，如果在搜索之前就生成整个空间，那么会消耗大量的存储资源。因此，状态空间通常是动态扩展的，即在逐步生成状态空间的过程中进行目标状态的搜索和判断。每次扩展状态空间时，都会检查是否达到了目标状态，从而节省存储并提高搜索效率。

搜索方法可以依据是否利用启发式信息，分为盲目搜索和启发式搜索，也可以根据问题的表达方式区分为状态空间搜索和树搜索。状态空间搜索指的是通过状态空间法解决问题时所进行的搜索；而树搜索则是利用问题归约法来处理问题的过程。状态空间法和问题归约法是人工智能领域中最基础的两种问题求解策略，而状态空间表示法和树表示法则是人工智能中用于描述问题的两种核心方式。

盲目搜索是指在解决问题时，并不清楚从当前状态到达目标状态需要多少步，或者不知道各条路径的具体代价，只能通过搜索判断哪个状态是目标状态，因此，盲目搜索通常依赖于预设的搜索策略。这种方式不考虑问题的特殊性，只是按照固定的路线进行搜索，因此具备较大的盲目性，效率较低，难以处理复杂问题。相比之下，启发式搜索则通过在搜索过程中引入与问题相关的启发信息，引导搜索朝更有希望的方向推进，从而加快问题的解决速度，并有助于找到最优解。尽管启发式搜索在效率上明显优于盲目搜索，但它依赖于问题的具体启发信息，而这些信息在很多问题中可能难以获取，甚至不存在。因此，尽管盲目搜索效率较低，但在缺乏启发信息时，依然是一种不可或缺的搜索策略。

在解决搜索问题时，核心任务是找到合适的搜索策略。评估一个搜索策略通常依据以下四个关键标准：

① 完备性：如果问题有解，该策略能否保证一定找到解答？

② 时间复杂性：找到解答需要多长时间？

③ 空间复杂性：执行搜索需要占用多少存储资源？

④ 最优性：如果问题有多个解答，该策略能否找到质量最高的那个？

搜索策略决定了状态空间或问题空间的扩展方式，也影响状态或问题的访问顺序。不同的搜索策略会导致人工智能中的搜索问题有不同的分类和名称。例如，如果一个问题的状态空间可以表示为树形结构，首先扩展根节点，然后扩展根节点的所有直接子节点，接着扩展这些子节点的后继节点，依此类推，这种方式称为广度优先搜索。另一种策略是在树的最深层扩展一个节点，遇到死胡同（非目标节点且无法再扩展）时才回到上一层继续搜索其他节点，这种方式称为深度优先搜索。

无论是广度优先搜索还是深度优先搜索，其节点遍历顺序通常是预定的，给定搜索空间后，节点的访问顺序就固定下来。这种固定顺序的遍历方法称为"确定性"，也就是所谓的盲目搜索。

二、规划

在人工智能中，解决问题的控制策略可以归结为三种主要方式：搜索、推理和规划。

解决问题的过程可以被理解为在状态空间中进行搜索。在这个状态空间中，每个节点代表一种可能的状态：① 搜索从初始状态出发，通过一系列的状态转换，最终到达目标最优状态。在此过程中，讨论了多种状态的转移方法。② 这种状态转换可以从更广泛的搜索空间聚焦到具体的单一问题。例如，A 算法采用了一种启发式的最优搜索策略，通过图表表示问题空间，每个被检验的节点对应着一个完整的状态。每一步操作都使状态发生变化，对于如 8 数码（8-puzzle）这种简单的问题，A 算法可以快速而完整地找到答案。③ 为了避免在有限时间内无法找到解答，通常会将复杂的问题分解为若干小规模的子问题，逐一解决后再将子问题的解组合成最终的整体解决方案，这就是规划的重要作用。

在人类的日常生活中，从无意识的个人安排到系统性的计划，都体现了规划的概念。从抽象的角度来看，规划作为一种解决问题的手段，具有一些共同的特征：将复杂目标分解、制定步骤并逐步执行，以达到最终目的。

三、博弈

博弈作为一种具有智能行为的对抗活动，早在 20 世纪 60 年代就出现了若干经典的博弈程序，如井字棋和国际象棋等。这些早期程序为人工智能在博弈领域的探索奠定了基础。

在单人博弈中，通常可以采用一般的搜索技术来求解。而对于两人博弈，则可以通过与/或树（图）来描述，这本质上是一个寻找最优解的过程。博弈双方轮流进行操作，每一方不仅能根据对方的过往走棋来进行推测，还需要预估对方未来可能的策略。博弈的最终结果可能是某一方获胜、另一方失败，或双方平局。常见的这类博弈有国际象棋、围棋和中国象棋等。

博弈问题可以通过产生式系统来进行形式化描述。以棋类比赛为例，综合数据库可以记录棋盘上各类棋子的布局，产生式规则则用来描述棋子的合法走法，目标是吃掉对方的将（帅）。根据这些规则在综合数据库上的作用，可以生成博弈树或博弈图。这一过程中，程序需要判断哪些因素对胜负起到决定性作用。

设计一个优秀的博弈程序并不容易，需要综合考虑多种因素。比如，在实际对局中，如果我们走了一步差棋，但对手犯了更大的错误，最终导致我们获胜。尽管如此，我们并不能将胜利归功于对手的失误，而应归结于博弈中一系列正确决策的累积。这类问题被称为"信用归属问题"，即在复杂的决策链中识别哪些步骤真正影响了最终的结果。

博弈作为一种智力活动，包括下棋、打牌、作战等多种形式，长期以来一直被认为是智力和策略的挑战。人工智能领域的许多研究问题正是从博弈中发展而来，可以说，博弈是推动人工智能研究的一个重要动力源。博弈之所以成为人工智能探索的理想领域，一方面是因为博弈具有明确的胜负标准；另一方面，博弈问题对人工智能提出了复杂的挑战，比如如何表示博弈的状态、过程及相关知识。

另外，博弈中还有一种称为机遇性博弈的类型，例如掷币游戏等，这类博弈具有不可预测性，因其不具备完备信息，这里不做深入讨论。

第四节 机器学习及其分类

学习是人类特有的一种能力，自从人工智能学科出现后，研究者们开始研究机器学习问题。

一、学习与机器学习

学习能力是人类智能的核心特征，通过学习，人类能够不断提升和优化自身的能力。学习的基本机制是设法把在一种情况下是成功的表现行为转移到另一类似的新情况中去。

20世纪80年代，西蒙给出了关于学习的一个定义：任何使系统在执行同一任务或类似任务时比之前表现更好的变化，都可视为学习。这个定义虽然简洁，但揭示了设计学习系统时需要关注的关键点。学习不仅包括执行相同任务的重复，还需要对经验进行推广，以在相似任务中表现得更好。由于感兴趣的领域通常非常广泛，学习者往往只能从有限的经验中学习。因此，学习者必须将这些有限的经验泛化，并在未见过的情境中应用。这正是归纳问题的核心，也是学习面临的最大挑战。在大多数学习问题中，无论使用哪种算法，通常都缺乏足够的数据来确保最佳的泛化效果。因此，学习者需要依赖启发式的泛化方法，即从现有经验中选择对未来更有用的部分。这种选择的依据就是归纳偏置，它决定了学习者如何从有限的经验中进行有效的推广。

对于专家系统的研究者来说，学习主要被视为一种知识获取的过程。在专家系统的构建中，自动获取知识是极具挑战性的，因此知识获取常被视为学习的核心本质。还有一种观点认为，学习是对客观经验的表达和修改过程。客观经验包括对外部世界的感知及内部的思维过程，学习系统正是通过这种感知和思维来逐步建立对外界的理解。其核心问题在于如何构建和调整这些经验的表达形式。从认识论的角度来看，学习是一种发现事物规律的过程。这种观点将学习视为一个从感性知识上升到理性知识的过程，即从浅层知识向深层知识转化。学习不仅是知识积累的过程，更是发现规律并构建理论的过程。

综合上述观点，学习可以被视为一个以获取知识为目的的过程，通过获取知识、积累经验和发现规律，系统的性能得到不断改进，从而实现自我完善和对环境的适应。

（一）环境

环境是指系统外部信息的来源，它可以是系统的工作对象，也可以是工作对象和外界条件。例如，在控制系统中，环境通常指生产流程或被控制的设备。对于学习系统而言，环境为其提供了获取知识所需的素材和信息资源。如何构建高质量且有价值的信息源，直接影响着学习系统获取和处理知识的能力。

信息的"水平"指的是信息的抽象程度。高水平的信息较为抽象，适用于更广泛的场景，而低水平的信息则较为具体，适合解决特定的问题。当环境提供的高水平信息较为抽象时，学习系统在应对具体对象时需要补充相关的细节信息；而当环境提供的是较为具体的低水平信息，如特定任务的执行实例时，学习系统则需要从中归纳出更为普遍的规则，以应对更广泛的问题。

　　信息的"质量"是指对事物的表述是否准确、选取是否合适，以及信息的组织是否合理。信息的质量直接影响学习的难易程度。比如，若系统接收到的信息示例能够准确描述任务对象，且示例的排列顺序符合学习规律，系统就能较为容易地进行归纳学习。相反，若信息中含有噪声或示例顺序不合理，系统的学习过程将会变得复杂和困难。

　　在大多数情况下，个人的学习过程往往依赖于所处的环境及其已有的知识储备。同样，机器学习过程也受外界信息环境的影响，并依赖于系统内部存储的知识库。环境中的信息与已有知识的交互作用，是影响学习效率和质量的重要因素。

（二）学习单元

　　学习单元的作用是处理由环境提供的信息，可以视为多种学习算法的集合。它对环境进行信息搜集以获取外部数据，并将其与执行单元反馈的结果进行对比。通常情况下，环境提供的信息和执行单元所需的信息存在差距，学习单元通过分析、综合、归纳等认知过程，弥补这些差距，提取出相关知识，进而将这些知识存入知识库，以便日后使用。

（三）知识库

　　知识库是存储学习单元获得知识的地方。它保存了系统通过学习所得的信息。常见的知识表示方式有多种，例如谓词逻辑、产生式规则、语义网络、特征向量、过程模型和框架结构等。这些表示方式有助于系统更高效地利用所学知识。

(四) 执行单元

执行单元负责处理系统面临的实际问题，即应用知识库中存储的知识来解决现实中的挑战，比如智能控制、自然语言处理或定理证明等。同时，执行单元还会对其执行效果进行评估，并将评估结果反馈给学习单元，以使其进一步改进和优化。执行单元的任务复杂性、反馈信息的精确度，以及执行过程的透明性，都会直接影响学习单元的表现。

执行单元完成问题解决后，基于执行效果的反馈，学习单元可以提升性能。对于效果的评价方式，一种是借助独立的知识库进行评估，例如 AM 程序采用启发式规则来评价新概念的重要性；另一种方式是通过外部环境的标准进行客观评估，系统将根据实际执行效果来判断是否达到预期目标，并将此反馈给学习单元以供调整。

机器学习的研究主要有三大目标：构建人类学习过程的认知模型、开发通用学习算法，以及设计面向任务的专用学习系统。

① 人类学习过程的认知模型：通过研究人类学习机制，构建认知模型，这不仅对教育有启示意义，还对机器学习系统的开发有重要的参考价值。

② 通用学习算法：通过对人类学习的深入研究，探索可能的学习方法，开发出能够适应不同应用领域的通用学习算法。

③ 面向任务的专用学习系统：针对特定问题，设计专门的智能系统，并开发适用于特定任务的学习系统，以解决实际的复杂问题。

二、机器学习的分类

机器学习是计算机自动获取和应用知识的过程。它是知识工程的核心环节之一，包括知识的使用、表示和获取。作为智能系统的重要组成部分，机器学习的研究目标之一在于理解学习的本质，并构建能够自主学习的系统。

在人工智能的发展历程中，关于学习问题的研究大致可以分为三个阶段。第一阶段始于 20 世纪 50 年代末，这一阶段的研究集中在如何构建能够自我调整以适应环境变化的系统，称为自组织系统。同时，仿生学也对神经元的模拟进行了大量研究，试图从生理角度揭示神经系统的学习机制。然而，由于理论的局限，这一阶段未能设计出具有较强智能的复杂学习系统。

第二阶段始于20世纪70年代初，研究者开始认识到学习的复杂性，部分研究集中于解决单一概念的学习问题，另一些则侧重于将专业领域知识引入学习系统。第三阶段的重点在于知识获取问题，研究者开始探讨更广泛的学习形式，不仅探讨前两阶段所进行的机械学习和根据实例学习的问题，还研究指点学习和类比学习。

（一）记忆学习

记忆学习是一种最简单的学习形式。学习程序本身并不具备推理能力，而是通过直接将新知识植入系统来实现学习。此时，环境提供的信息与执行单元所需的信息水平相当，形式基本一致。实际上，任何计算机都可以视为具备记忆学习的能力，因为它们都存储并执行用户输入的程序和指令。

（二）传授学习

传授学习是一种通过外部施教者传递知识的学习形式。学习系统对施教者提供的信息进行选择和调整，主要是信息在语法层面的变换。此时，外部环境提供的信息较为抽象，其复杂程度高于执行单元所需的信息水平。学习系统通过将高层次的抽象信息转换为更具实用性的知识来实现学习，这个过程被称为实用化。实用化的具体步骤包括：根据传授的信息推导结论，假设补充信息，并确定在何时需要进一步学习或传授。

（三）演绎学习

演绎学习是基于已有知识进行推理并得出结论的学习形式。学习系统通过演绎推理生成可靠的推导结果，并将有用的结论存储起来。演绎学习通常涉及知识的重组和优化，包括知识改造、知识编译、生成宏操作等。

（四）归纳学习

归纳学习是对输入信息进行概括和选择最可能的预期结果，这一过程被称为归纳推理。归纳学习的核心在于从具体案例中提炼出一般性规则。它可以细分为两种主要形式：实例学习和观察发现学习。

1. 实例学习

实例学习也称为概念获取，是一种通过给定的实例来确定某个概念的普遍描述的学习形式。这种描述需要包含所有给定的正例和反例。正反例通常由外部信息源提供。这些信息源可能是已经掌握相关知识的指导者，也可能是系统在学生实验或与环境互动中通过反馈获得的结果。实例学习通过分析这些例子来构建概念，从而在系统中形成对概念的完整理解。

2. 观察发现学习

观察发现学习是一种自主的学习形式，系统无须依赖外部指导者，而是通过对观察数据的分析，找到解释这些数据的规则和模式。这类学习的目标是在没有明确指导的情况下，自主发现规律，包括概念聚类、分类构建、数据拟合方程、发现解释现象的法则和构建理论模型。遗传算法和经验预测算法等方法可以看作对这种学习策略的改进与扩展，它们通过不断迭代和优化来生成更加精确的学习成果。

（五）类比学习

类比学习是一种结合演绎学习与归纳学习特点的学习形式。它通过匹配不同领域的知识描述，找出其中的共同结构，以此为基础实现类比映射。寻找这些公共结构的过程属于归纳推理，而将这些类比映射运用于其他领域则属于演绎推理。类比学习的关键在于利用系统中已有领域的知识，推导出另一个领域中可能存在的类似知识，从而实现跨领域的知识迁移与应用。

（六）概念学习

概念学习是一种归纳学习的形式，属于学习的高级阶段。它要求系统能够从具体实例中总结出事物的普遍规则或概念模型。例如，若要让程序学习"狗"的概念，可以向程序提供各种动物的实例，并明确哪些是狗、哪些不是。通过这样的学习过程，程序能够总结出"狗"的共性特征，形成模型描述或定义类别，这个类别定义可以作为识别动物中哪些是狗的标准。这种建立类别定义的过程被称为概念学习，而完成这一任务的方法则依赖于对类别或概念的描述方式。

上述提到的概念学习方式，已经被广泛应用于许多学习程序中。这类程序的共同特点是，它们需要通过外部提供的各种概念实例进行归纳推理。然而，这些程序在具体操作上存在不同之处：有些程序依赖教师提供的训练样本顺序，而有些程序对示例的顺序并不敏感。此外，有些程序特别依赖于接近目标的示例，而另一些程序则不依赖于近似样本来完成学习。尽管已有程序可以在没有近似样本的情况下学习，但如果概念的定义过于宽泛，那么系统在识别和修正错误方面可能会出现问题。

机器学习的主要任务是研究学习的过程，构建能够学习的计算模型，并在实际应用中实现知识的自动获取。我们可以探讨几种常见的机器学习方法。记忆学习系统将新信息直接存储到系统中，它本身没有推理能力，但能够通过检索和应用已存储的信息来解决问题。传授学习是一种通过对话传递新知识的方式，系统需要具备基本的推理能力，确保新知识在引入时与已有的知识库保持一致性。类比学习系统则是通过比较对象间的相似性来推断新的知识，而概念学习系统通过具体事例归纳出通用规则或构建概念模型。类比学习和概念学习都属于较为复杂的学习形式，它们不仅可以进行归纳推理，还可以通过不同的角度和方法帮助系统扩展知识结构。

第六章　基于人工智能的通信与网络

第一节　基于人工智能的认知无线通信

一、学习驱动的无线边缘通信

(一) 学习驱动的无线电资源管理

1. 动机与原则

在传统通信与计算分离的基础上，现有的无线资源管理方法通过精确分配功率、频带和接入时间等稀缺资源来最大化频谱利用率。然而，在边缘学习场景中，这种方法效果有限，因为它无法利用学习过程中的反馈来进一步提升性能。因此，我们提出了适用于边缘学习的无线资源管理设计原则，即学习驱动的无线资源管理方法。该方法依据传输数据的重要性来分配无线资源，从而优化边缘学习的整体表现。

传统的无线资源管理假定所有消息对接收方具有相同的重要性，因此其主要设计目标是最大化总速率。然而，当涉及边缘学习时，单纯追求速率最大化已不再适用，因为某些消息在训练 AI 模型时比其他消息更为关键。

在这一部分，我们介绍一种基于学习驱动设计原则的代表性技术，即重要性感知资源分配。该技术在资源分配时考虑数据的重要性，这一思想与机器学习中的主动学习方法有着相似之处。主动学习通过从大量未标记数据中选择关键样本进行标记，以加速模型训练。数据的重要性常用不确定性来度量，例如，如果模型预测的置信度较低，则该数据样本不确定性较高。例如，一张被分类为"猫"的图片，预测概率为 0.7 时的不确定性比为 0.9 时更高。常见的不确定性度量包括熵，熵源自信息论。由于计算的复杂性，启发式替代方法是通过样本与模型决策边界的距离来衡量的，以支持向量机为例，决策边界附近的样本更可能成为支持向量，从而有助于定义分类器；而远离边界的样本则不会产生显著影响。

与主动学习相比，学习驱动的无线资源管理面临无线信道的不稳定性等额外挑战。特别是除了考虑数据的重要性外，还必须确保在传输过程中无线电资源分配的可靠性。下面将通过具体案例进行说明。

2. 案例研究：无线数据采集的重要性感知重传

在一个基于边缘学习的系统中，边缘设备会分布式地收集大量数据，并将其发送至边缘服务器进行训练。为了实现这一过程，边缘服务器可能会采用支持向量机（SVM）等模型来训练分类器，而训练模型的有效性取决于从这些设备获取到的高维度训练数据样本。然而，传输这些高维数据通常会消耗大量的带宽，并且传输过程中会受到噪声干扰。为了确保传输准确，通常会为小尺寸的标签分配低码率的可靠信道。即便如此，噪声数据样本与边缘服务器上标签数据的不匹配，仍然可能导致模型训练出现偏差，进而影响最终模型的准确性。

为了解决这一问题，一种名为"重要性感知重传"的方法被引入无线电资源管理中，以提升传输数据的质量。无线资源在有限的传输预算内进行分配，即在每次通信中，系统只能处理有限数量的数据样本的传输或重传。在这种情况下，重要性感知重传的关键在于如何合理分配资源，以在有限的预算内取得最佳的训练效果。具体来说，在每一轮通信中，边缘服务器需要在两个选择中做出决策：是获取新的数据样本，还是请求先前已经传输过的样本进行重传以提高数据的质量。这个二元决策取决于传输预算的限制，也就是说，在有限的资源下，系统必须在样本的数量和质量之间做出权衡。对于位于决策边界附近的数据来说，它们对模型训练至关重要，因为这些数据能有效定义分类器的边界，但它们也更容易受到噪声影响，导致标签与实际数据不匹配。因此，这类数据往往需要更多的重传资源，以确保在传输过程中达到预期的对齐概率。这里所说的对齐概率是指发送的数据和接收到的数据能够正确地位于同一侧的决策边界，从而减少分类错误的可能性。

为了实现这一目标，重要性感知重传方案引入了自适应信噪比阈值来进行控制。自适应的过程是根据数据样本与决策边界的距离来调整信噪比阈值，从而实现传输预算的智能分配。具体来说，距离决策边界较近的样本的重要性较高，会被分配较高的传输资源，确保其在重传过程中能够准确传达。而那些距离边界较远的样本则可能需要较少的资源，因为它们对模型训练的影响较小。这种自适应的分配机制，使得系统能够在数据的质量和数量之间实现最佳的平衡。

3. 研究机会

在边缘学习系统中，有效的无线资源管理方法对系统性能的提升至关重要，"学习驱动"设计原则也为该领域带来了众多研究契机。下面描述了一些方法。

(1) 缓存辅助的重要性感知无线资源管理方法

缓存辅助的重要性感知无线资源管理方法是指通过利用边缘设备的本地存储空间，可以进一步提升现有的重要性感知无线资源管理方法的性能。具体来说，边缘设备在上传数据至边缘服务器之前，可以从本地缓存的数据中筛选出具有较高重要性的数据样本，从而减少无效数据的传输，并加快AI模型训练的收敛速度。但是，传统的基于数据不确定性的重要性评估方法，在面对当今海量数据时已经显得力不从心。因此，如何智能地利用本地数据集的分布特征，将数据的"表示性"引入数据重要性评估中，成为当前亟待解决的问题。

(2) 多用户无线资源管理方法用于更快的智能获取

在边缘学习系统中，通常采用对批量数据进行训练的方式来更新AI模型，这样做虽然可以降低模型更新的频率，减轻服务器的计算负担，但也可能引入冗余数据处理问题。由于来自不同用户的训练数据可能存在较高的相关性，这种数据冗余会导致服务器在训练过程中对相似的信息进行多次处理，从而降低整体学习性能。因此，在设计多用户无线资源管理方案时，需要充分考虑用户之间数据的相关性。如何在这种复杂的数据环境中有效利用各用户的数据分布特征，避免冗余数据处理，从而提升整体训练效率，是当前多用户无线资源管理领域亟待解决的研究课题。

(3) 多样化场景下的学习驱动无线资源管理方法

重要性感知无线资源管理方法通常假设边缘设备上传的数据为原始数据样本。然而，在实际应用中，边缘设备上传的数据类型可能更加多样化，不仅是原始数据样本，还可能包括经过预处理或特征提取后的数据、模型参数更新等信息。面对如此多样化的数据上传场景，传统的重要性感知无线资源管理方法可能无法完全满足需求。因此，研究人员需要基于具体的边缘学习系统架构和应用场景，提出适应性更强的一组学习驱动无线资源管理方法。这些方法应该能够根据数据的特征类型、传输条件及设备间的分布情况，灵活地调整资源分配策略，以保证在不同学习场景下都能实现最优的系统性能。

（二）学习驱动的信号编码

1. 研究动机

在机器学习中，特征提取技术广泛用于原始数据的预处理，以减少数据维度并提升学习效率。对于回归任务，主成分分析（PCA）是常用的方法之一，它通过识别潜在的特征空间，将数据样本转化为训练模型所需的低维特征，从而避免模型过拟合。在线性分类任务中，线性判别分析（LDA）能够找到最具判别力的特征空间，有助于提高分类的准确性。此外，独立分量分析（ICA）则用于识别多变量信号中的独立特征，常见的应用包括盲源分离等。特征提取技术的一个核心思想就是将复杂的训练数据简化为低维特征，从而简化学习过程并提升性能。在特征提取的过程中，维度的选择至关重要：过多或过少的特征都会对学习效果产生负面影响。此外，特征空间的合理选择也直接影响学习任务的最终性能。因此，设计有效的特征提取技术是机器学习中一个关键且富有挑战性的研究课题。

在无线通信领域，信源和信道编码技术也常用于对传输数据的"预处理"，但它们的目标与机器学习不同，主要用于提高数据传输的效率与可靠性。信源编码通过对信号的采样、量化和压缩，将信号表示为最小的比特数，同时尽量减少信号失真，从而在信号的率失真之间取得平衡。而信道编码则通过引入冗余，保护传输信号免受噪声和无线干扰的影响，从而在传输速率和可靠性之间取得折中。信源与信道编码的设计通常需要同时考虑上述两个平衡点，以达到最佳的传输效果。

鉴于特征提取和信源信道编码都是数据预处理操作，因此在边缘学习系统中，将二者结合起来以实现高效通信和学习，是一个顺理成章的想法。这为"学习驱动的信号编码"的研究方向奠定了基础。学习驱动的信号编码设计旨在通过联合优化特征提取、信源编码和信道编码，从而在边缘设备上实现加速学习的目标。在这一框架下，信号编码不再仅仅服务于数据的传输，而是直接参与到学习过程的加速与优化中，形成一个通信与学习互相促进的有机整体。

2.案例研究：快速模拟传输和格拉斯曼学习

在边缘学习系统中，边缘服务器依赖多个具有高移动性的边缘设备所传送的训练数据集来训练分类器。数据的传输采用时间共享机制，并且独立于没有信道状态信息（CSI）的信道环境。每个节点都配备了天线阵列，形成一组窄带多输入多输出（MIMO）信道。在这种背景下，我们的重点是数据样本传输，因为数据采集是整个过程的核心。标签信息通过一个低速率、无噪声的标签信道进行传输。假设每个边缘设备上的数据样本是基于经典的混合高斯模型（GMM）独立同分布的，每个样本都是一个向量。每个MIMO信道的时间变化遵循经典的克拉克模型，该模型假设环境中存在丰富的散射，信道的变化速度由归一化的多普勒频移决定，这个多普勒频移与基带采样间隔（或时隙）相关联。在边缘端检测到使用格拉斯曼模拟编码（GAE）传输的数据后，会在格拉斯曼流形上训练贝叶斯分类器，用于标记数据。

关于快速模拟传输与相干传输方案的比较，一种名为快速模拟传输的新设计被提出，GAE是其核心组成部分。这项技术被用于快速边缘分类，并与两种高速相干传输方案进行了性能基准测试：数字MIMO传输和模拟MIMO传输。这两种相干方案都采用了最小均方误差（MMSE）线性接收机，因此都需要进行信道训练以获取必要的信道状态信息（CSI）。与模拟MIMO相比，快速模拟传输不需要额外的CSI传输；在数字MIMO传输中需要对数据进行量化，而快速模拟传输通过使用线性模拟调制，显著减少了传输延迟，从而缩短了整体传输时间。

3.研究机会

（1）梯度数据编码

在边缘智能模型的训练中，尤其是在联合学习场景下，从边缘设备向边缘服务器传输随机梯度是边缘学习过程的关键环节。然而，所计算出的梯度通常具有较高维度，导致通信效率极低。幸运的是，已有研究发现，利用梯度的固有稀疏性，可以对其进行适当截断，以更新人工智能模型，而不会显著影响训练性能。这一发现启发了梯度压缩技术的设计，有效减少了通信开销和延迟。

（2）运动数据编码

运动数据可以用一系列子空间来表示，这些子空间可以转化为格拉斯曼流形上的轨迹。如何为边缘学习系统中的运动数据集设计一种高效的编码方式，是一个引人注目的研究课题。例如，相关设计可以基于 GAE 方法构建，以优化通信和机器学习的效率。

（3）信道感知特征提取

传统上，为了应对复杂的无线衰落信道，各种信号处理技术如 MIMO 波束成形和自适应功率控制得到了快速发展。将信道感知的信号处理与边缘学习中的特征提取相结合，是一种值得探索的研究方向。特别是，近期研究表明，特征提取过程与非相干通信之间存在内在相似性。这为利用信道特性进行高效特征提取提供了新的可能，也为信道感知特征提取开辟了一个全新的研究领域。

（三）边缘学习部署

1. AI 芯片

训练人工智能模型需要大量的计算资源和数据处理。不幸的是，在过去几十年中，占主导地位的 CPU 在这些方面存在短板，主要有两个原因：一是控制 CPU 发展的摩尔定律正逐渐失去效力，因为晶体管的小型化已经接近物理极限；二是 CPU 架构并非为高效的数字处理设计，特别是 CPU 中内核数量有限，难以支持大规模的并行计算。此外，CPU 将内核与内存分离的设计，使得数据的传输和获取存在明显的延迟。这些局限性推动了专为人工智能开发的定制芯片的崛起。

AI 芯片具备多种架构，但有两个共同特点对机器学习中的数据处理至关重要：一是 AI 芯片通常包含大量微型内核，用于并行计算，芯片级的内核数量从几十个到数千个不等；二是 AI 芯片在设计中将内存紧邻微型内核，减少了数据传输延迟。这些技术的进步为边缘学习提供了强大的算力支撑。

2. 人工智能软件平台

随着智能化应用的普及，互联网巨头们正在开发新的软件平台，旨在为边缘设备提供 AI 和云计算服务。亚马逊的 AWS IoT Greengrass、微软的

Azure IoT Edge, 以及谷歌的 Cloud IoT Edge 是其中的代表。这些平台主要依赖于强大的数据中心运作,但未来随着 AI 驱动的关键任务应用日益普及,这些平台将逐步在边缘部署,以支持边缘学习。例如,Marvell 和 Pixeom 展示了如何在边缘部署 Google TensorFlow 微服务,以支持目标检测、面部识别、文本识别和智能通知等应用。为了进一步发挥边缘学习的潜力,互联网公司与电信运营商之间的密切合作将变得至关重要,特别是在开发高效的空中接口方面。

3. 移动边缘计算与 5G 网络架构

3GPP 为 5G 标准化的网络虚拟化架构提供了支持边缘计算和学习的技术基础。该架构中的虚拟化层将分布在不同地理位置的计算资源进行整合,形成一个统一的"云",供上层应用使用。不同的应用可以通过虚拟机共享这些资源,实现资源的灵活调度。同时,5G 标准中的网络功能虚拟化(NFV)允许电信运营商将网络功能作为软件组件,极大地提升了网络的灵活性和可扩展性。这些虚拟化功能支持用户平面功能选择、业务路由、计算资源分配和移动性管理,为共享同一物理资源(如操作系统、CPU、内存和存储)的网络功能提供了技术保障。

二、面向无线传感器网络的移动代理

无线传感器网络由大量传感器节点通过自组织和多跳方式连接而成,其中产生数据的节点被称为源节点。源节点将数据直接传输至汇聚节点,然而,汇聚节点承担大量流量,会造成数据传输的拥堵,导致无线带宽的浪费和电池能量的过度消耗。为了解决这一问题,研究者提出在无线传感器网络中采用移动代理的模式来处理、融合和传输数据。与传统的分布式网络相比,移动代理模式可以更加灵活地规划动态网络结构,提升数据采集的效率,减少通信能耗,并提高系统的整体可靠性。

移动代理是一种特殊的网络模块,它能够在无线传感器网络中进行持续移动,访问各个传感器节点。每个移动代理通常包括代理标识、执行代码、访问路径和数据空间四个部分。其中,代理标识用于区分不同的移动代理;执行代码则记录移动代理携带的任务和操作信息;访问路径是移动代理的核心,用于规划其移动路线;数据空间则用于存储从各个传感器节点采集到的数据内容。因此，为了保证网络的正常运作，需要为每个移动代理分配唯一的标识，并设计合理的访问路径，以确保数据传输的高效性和安全性。

在深度学习技术快速发展的背景下，越来越多的领域开始利用其优势取得突破性成果。无线传感器网络技术也面临新的发展机遇。传统的网络部署和管理模式已难以适应当前复杂的应用场景，而深度学习技术能够有效提升无线传感器网络的性能。

三、自主学习的无线网络智能优化

(一) 无线通信系统中的网络优化问题

1. 优化过程

在无线通信系统中，网络优化问题的研究主要通过合理的网络配置或操作方式来进行，旨在提升系统整体性能。

(1) 数据收集

管理者首先需要收集系统及其周围环境的基本信息。收集的内容主要包括信道状态、干扰、噪声、用户位置信息、频谱和时隙的占用情况，以及一些与用户质量服务（QoS）相关的信息（如延迟和能耗率、移动状态等）。这些信息的获取有助于为后续的优化过程提供必要的数据支持。

(2) 模型构建

接下来，管理者需要构建一个优化模型，该模型通常由目标函数和若干约束条件组成。目标函数可以包括系统吞吐量、频谱利用率、用户感知的延迟、能量消耗或增益，以及设施部署成本等。模型的构建过程通常需要借助数学公式，并且要求管理者掌握相关的领域知识和理论，以确保模型的准确性和可行性。

(3) 优化

在解决优化问题时，常用的方法分为数学推导方法和启发式算法。数学推导方法通过严格的数学推理来寻找最优解，例如拉格朗日乘数法和梯度下降法等。这类方法尤其适合处理明确且凸性的目标函数问题。而启发式算法则通过邻域搜索来找到近似最优解，常见的包括遗传算法、模拟退火、粒子群优化和萤火虫算法等。这类算法不需要目标函数的导数，通常能够为复杂的优化问题提供较优的解决方案。除了这些方法，博弈论技术（如非合作博弈、合作博弈和贝叶斯博弈）也已被成功应用于网络优化，通过各功能节点之间的交互学习来实现自动配置策略。

（4）配置

依据优化的结果，系统将进行相应的配置调整，以改进性能。这些配置调整包括传输功率的分配、能量采集调度、路由选择和频谱资源的再分配等。在配置完成后，系统将持续监控并重复优化过程，以确保其运行状态始终处于最优。

2. 优化困难

尽管网络优化问题已经得到了广泛的研究，但现有的优化方法仍面临以下几大挑战。

（1）人为干预

通常，网络优化模型是由具备相关领域知识的专家设计的，这种依赖专家知识的方式在实际应用中存在高成本和低效率的问题。如果能够实现自动化的优化过程，则网络优化的实施将更加简便。然而，如何在优化过程中减少对人为干预的依赖，仍然是当前尚未解决的难题。

（2）模型失效

随着硬件和软件技术的飞速发展，无线通信系统变得愈加复杂。更多的用户、更复杂的访问方式、更多的功能和网络实体之间的关系，使得系统性能不仅仅受传输功率和信道状态的影响，软件、硬件、外部干扰、噪声及物理环境等多种因素也会深刻影响系统表现。这些因素往往难以预测，且难以通过明确的数学公式进行描述。因此，构建适合实际情况的模型并不容易，尤其是在不可预测因素影响下，延迟、能耗等性能指标的准确建模更是难上加难。即便成功构建了相关模型，由于理论与实际环境的差距，模型的实际效果也可能远不如预期。

（3）高复杂性

优化过程往往涉及大量计算，特别是对于复杂的、高维度的网络优化问题来说，解决这些问题的计算时间和能耗成本非常高。在需要满足延迟敏感的移动应用需求时，现有算法的效率通常难以令人满意。即便在某些情况下算法效率勉强可以接受，但持续的高强度计算仍然会导致高额的时间和能量消耗。随着无线通信系统日益复杂，网络优化问题也将变得更加烦琐。因此，开发出高效且实用的优化模型，是未来无线网络研究的迫切需求。

目前，机器学习技术在处理网络问题方面展现了巨大潜力，例如流量预测、点对点回归和信号检测等。然而，关于如何将机器学习应用于网络优化问题的研究仍然不足。在自动化学习框架中，已经提出了几种潜在的解决方案，包括自动构建模型、经验回放、有效的反复试验、基于强化学习的博弈论、复杂性简化及解决方案推荐等。

(二) 自动学习框架

1. 数据收集

(1) 系统和环境状态信息

与传统的网络管理系统类似，在进行监督学习任务时，需要同时收集输入数据实例和对应的标签数据。而对于无监督学习任务，则只需要收集未标记的数据即可。

(2) 网络管理经验数据

在传统的优化框架中，优化完成后，相关的经验数据通常会被丢弃。而在自动学习框架下，会收集基于传统模型的网络管理过程中所产生的输入数据和最终的优化解决方案，作为宝贵的历史经验数据。同时，还会收集网络重新配置操作的信息，以及系统和环境的响应情况。这些数据可以为后续的优化提供参考和支持。

2. 模型训练

模型训练用于完成模型构建和优化。在模型构建阶段，管理者可以定义网络优化任务，并从历史经验数据库中提取相关数据。自动学习框架通过运用机器学习技术，自动生成网络优化模型。当经验数据不足时，系统可能需要采样以获取更多数据。需要注意的是，数据过滤处理是必不可少的，因为数据质量直接关系到黑盒模型的性能。过滤过程中，异常值、不完整数据和重复数据将被剔除或重新定义。在模型优化阶段，系统对机器学习模型进行训练，利用经验数据解决优化问题，此过程与模型构建类似。

机器学习函数通过机器学习引擎实现，支持多种机器学习方法，包括监督学习、强化学习和无监督学习。在训练完成后，需要进行交叉验证来评估模型性能。具体来说，当问题为回归问题 (输出为连续值) 时，性能度量通常是预测值与实际输出之间的均方误差；当输出为离散决策时，问题被视为分类问题，性能度量可以是分类准确率。如果模型性能不理想，需通过调整参数设置重新训练。

(1) 模型应用

当学习模型经过充分训练后，便可将其应用于实际的无线通信系统中。对于新输入的实例，模型通过映射关系能够快速、有效地产生对应的输出。

(2) 模型部署

映射模型的部署较为简单，主要计算过程涉及矩阵乘法和激活函数的非线性变换，这些都能高效实现。

(3) 模型改进

由于无线系统环境的变化或训练数据的缺陷，黑盒模型可能需要改进。动态调整模型被视为增量学习问题，其关键在于更新训练样本。因此，建议定期更新训练数据集，以确保模型在映射规则发生变化时依然能够保持良好的性能。

(三) 监督学习：自动模型构建与经验回放

监督学习能够根据给定的输入数据，学习并预测相应输出的映射函数，已广泛应用于通信系统中的点对点学习任务，如延迟预测、信道估计和信号检测。通过使用充足的训练数据，监督学习可以训练出复杂的非线性映射函数，实现从输入数据到输出数据的精确预测。根据训练样本数量的不同，监督学习可分为小样本学习和深度学习。小样本学习常使用浅层神经网络、基于核方法或集成学习方法；而深度学习则包括深度信念网络、深度玻尔兹曼机和卷积神经网络等。

1. 自动模型构建

(1) 模型

基于监督学习的黑盒回归方法为解决模型无效问题提供了一种有效途径。当输入与输出间的显式函数无法直接获取，但系统输入与输出数据可被记录时，监督学习技术可用于训练这些数据的映射函数。在这种情况下，只要确定了合适的影响因素，就能预测出目标性能因子。

我们提出使用监督学习技术自动执行网络优化问题中的模型构建。在这一过程中，历史的输入和输出数据可用于训练回归模型，直接生成目标函数和约束条件。当目标函数由多个独立部分组成时，可以分别使用监督学习方法训练这些部分的映射函数，最终将其整合为一个整体函数。例如，在移动边缘计算中，用户感知的延迟主要由三个部分构成：输入缓冲区的排队、虚拟机的任务执行及输出缓冲区的排队。我们可以结合黑盒时间消耗模型来构建该系统的优化模型，约束条件也可以通过类似方式构建。需注意的是，启发式算法可用于求解此类优化模型，因为每次搜索时只需知晓目标值。

（2）挑战

要实现监督学习，必须拥有足够且可靠的样本数据集来训练映射模型。对于网络延迟预测和能量消耗回归等问题，数据样本易于获取。然而，对于配置成本高昂的系统（如移动边缘云中的虚拟机资源重配置），在短时间内采集大量数据样本是不现实的。因此，如何减少训练样本数量，成为自动模型构建中网络优化问题的关键挑战。

2.经验回放

（1）模型

对于智能体而言，从经验中学习是提升其行为效率的常见方式。在传统网络优化中，虽然系统可以反复执行优化过程，但历史经验往往未得到充分利用。监督学习技术可以训练模型，将输入参数直接映射到优化方案中，从而避免高复杂度的重复优化过程。借助预测模型，系统能够以较低计算成本获得优化结果。

（2）应用

经验回放被视为一种基于模型的强化学习方法，它可以进行在线或离线训练。与其他方法相比，经验回放所需的训练数据更少，因为这些数据通常都是最优结果。该方法在资源管理中有着广泛应用，例如移动边缘计算中的任务卸载决策、内容缓存决策和路由决策等。

（3）挑战

成功实施经验回放依赖于高质量的经验数据和学习算法的逼近能力。对于某些网络优化问题，如果缺乏高质量的解决方案数据，则训练所得模型可能会产生偏差。此外，当优化问题的维度非常高时，即便所使用的学习模型具有很强的回归能力，模型也可能难以精确训练。因此，与传统优化方法相比，预测结果可能会存在较大性能差距。

（四）强化学习：高效的反复实验与强化驱动博弈

强化学习是一种用于学习决策策略的技术，能够使智能体自动采取行动，以最大化在特定环境中的累积奖励。强化学习尤其适合解决目标函数和环境条件不明确的优化问题。在此基础上，推理学习可以进一步提升强化学习模型的性能。推理学习旨在为假设提供最佳解释，常用模型包括贝叶斯统计推理和模糊推理。

1.高效的反复实验

（1）模型

在强化学习的决策模型中，智能体从环境中收集系统状态和奖励信息，并通过马尔可夫决策过程（MDP）来制定行动策略。随着智能体与环境的动态交互，策略映射和环境转换概率不断更新，以逐步优化决策。

（2）应用

在移动边缘计算和雾计算场景中，网络功能虚拟化技术广泛应用于为边缘计算提供灵活的计算和存储服务。基于网络功能虚拟化的云平台中，资源被划分为多个虚拟机，应用程序被分配到相应的虚拟机上独立执行任务。众所周知，合理的虚拟机负载分配方案对边缘计算服务器的性能有重要影响。然而，为了降低系统重新配置的成本，实验次数应尽可能少。

2.强化学习驱动的博弈

（1）模型

博弈论在无线网络的实体交互中一直是重要的理论工具。在传统博弈论模型中，用户基于数学模型学习最优策略，以实现收益或效益最大化。通常情况下，当用户能够理性地选择最优策略时，可以通过策略更新过程反复博弈，最终达到纳什均衡。同样，通过引入强化学习技术的多任务学习框架也可以解决博弈模型。

强化学习驱动的多任务学习与传统博弈论中的策略更新过程类似。在每一轮博弈中，所有智能体或用户选择并执行行动，观察系统的新状态和得到的奖励，随后更新其策略。经过多轮博弈，系统最终达到纳什均衡。除了传统的博弈模型外，协作博弈也可以结合强化学习进行优化。在协作博弈中，用户不仅了解自己的奖励，还了解其他用户的奖励，从而减少博弈的重复次数，提升效率。

（2）应用

强化学习驱动的博弈可应用于设备到设备（D2D）网络和认知无线电（CR）网络。在 D2D 网络中，设备无须基站的中转，便可直接进行通信。强化学习驱动的博弈模型可以为设备设计出优化的通信方案，提升通信效率。而在 CR 网络中，次级用户在不干扰主用户通信的前提下，希望最大化自己的通信能力。强化学习驱动的博弈为主次用户设计频谱分配方案，确保两者在资源使用上的最优分配。

（3）挑战

尽管强化学习驱动的博弈方法在诸多应用中展现了潜力，但其模型的收敛往往需要多次重新配置，这种过程的效率低于传统的基于模型的博弈方法。因此，在强化学习驱动的博弈中，合理运用高效的反复实验尤为重要。如何在减少实验采样次数的同时保持较好的优化效果，是未来需要深入研究的课题。

第二节　基于人工智能的情感识别与通信

一、视听情感融合

（一）情感识别概述

人类的情感由大脑调控，并能够通过行为和生理特征的变化表现出来。情感交流是人类日常生活中不可或缺的组成部分。随着科技的不断进步、互联网的普及，以及人们生活方式的转变，越来越多的人开始花费大量时间与计算机进行直接交互。人机交互已成为我们生活中不可忽视的重要环节。为了在这种交互过程中获得更自然、更友好的体验，我们期望人机交互系统能够具备理解和应对人类情感的能力。计算机要想实现这种能力，必须像人一样能够识别和理解人类的情感状态。由于生理指标的数据较难获取，且在人与人之间的情感交流中，生理信号并未发挥显著作用，因此，大多数与情感识别相关的研究都集中在人类行为特征上，例如面部表情、语音、文本和手势等。

在这些行为特征中，对面部表情和语音的研究尤为突出，因为它们最贴近人类的情感表达方式，并且大多数情况下具有主体同源性和时间同步性。换句话说，在人与人交流时，我们通常能够同时听到对方的声音和看到对方的表情。近年来，针对语音和面部表情的单模态情感识别研究取得了诸多成果，这些研究在特征提取和分类算法等方面提出了许多优秀的方法。然而，计算机在情感识别领域仍然面临巨大挑战。无论是语音情感识别还是表情识别，情感特征的提取仍然是一个难解的问题，目前尚未有明确的情感状态与具体特征的对应关系。这一问题同样存在于多模态情感识别中，因为多模态识别是基于各个单模态识别的结果。融合语音和面部表情的识别结果，可以实现音频－视频情感识别。

以往的研究表明，情感状态与语音特征之间存在着密切的联系。语音中的韵律特征、声学特征和音质特征往往蕴含了丰富的情感信息。例如，基音周期、共振峰、能量等声学特征，能够有效传递说话者的情感变化。这些特征的变化能够表现出情感状态的差异，成为情感识别的重要依据。此外，倒谱特征，特别是梅尔频率倒谱系数（MFCC），也广泛应用于情感识别领域。该特征通过对语音信号进行转换，能够从复杂的声学信息中提取出对情感状态具有辨识度的关键信息。

在表情识别方面，研究者常将面部特征分为外貌特征和几何特征两大类。外貌特征通常通过对人脸的局部区域或整体进行处理，利用图像滤波器（如 Gabor 滤波器）获取。这类特征主要体现面部皮肤纹理的变化，能够反映出人脸表情中的细微情感变化。几何特征则侧重描述人脸各组成部分的形状和空间位置，主要涉及眉毛、眼睛、鼻子、嘴巴等区域的形态变化。例如，局部二值模式（LBP）可以有效捕捉这些几何特征，从而为情感识别奠定基础。

在单模态情感识别任务中，特征提取是关键步骤之一。在提取出有效的情感特征后，研究者通常采用各种机器学习算法构建情感识别模型。常见的算法包括支持向量机（SVM）、支持向量回归（SVR）、长短期记忆网络

（LSTM）、循环神经网络（RNN）、隐马尔可夫模型（HMM）、混合高斯模型（GMM）和人工神经网络（ANN）等。这些算法能够在大规模情感语料库的基础上进行训练，最终生成具有良好识别能力的情感分类器。

在多模态情感识别的研究中，不仅需要对语音、表情等多个模态的情感特征进行提取，还需对提取的情感信息进行有效融合。当前，大多数多模态情感识别的研究集中在特征融合、决策融合、得分融合和模型融合四种策略上。特征融合是将不同模态的特征拼接在一起；决策融合则是在各模态单独决策后进行最终情感类别的综合判断；得分融合通过计算每个模态的情感识别得分，综合多个得分做出最终决策；模型融合则是同时训练多个情感识别模型并综合其输出结果。然而，这些融合方法大多属于浅层融合，只能处理相对简单的线性关系，对于多模态信息之间复杂的非线性关联往往无能为力。因此，如何设计更加深层且复杂的融合模型，以更好地建立多模态数据之间的关联，是当前情感识别领域亟待解决的关键问题之一。

为了解决特征提取和多模态融合中存在的挑战，深度学习技术在这一领域展现出了强大的潜力。深度学习凭借其强大的特征学习能力和数据降维功能，已经在多个领域取得了显著成果，例如图像处理、语音识别和自然语言处理等。在这些技术中，卷积神经网络（CNN）是最为典型的深度学习模型之一。它最初用于银行支票的字符识别，后来逐渐在计算机视觉和机器学习竞赛中广泛应用，如今更是成为各个行业探索和利用的核心技术之一。卷积神经网络之所以在特征提取上表现出色，主要得益于其独特的稀疏连接、参数共享和等变表示等优势。这些优势使其在处理具有网格结构的数据（尤其是图像数据）时，能够高效地提取出重要的特征。此外，卷积神经网络在语音、文本等非图像数据的情感识别中同样表现出强大的能力。此外，由多层受限玻尔兹曼机组成的深度信念网络（DBN）也展现了良好的多模态情感特征融合效果。这种网络结构能够将来自不同模态的情感信息进行深层次的融合，进一步提升情感识别的精度与准确性。深度学习技术在情感识别中的应用为这一领域带来了新的突破，也为未来的发展提供了更多可能性。

在上述研究工作中，存在两个较为普遍的问题：① 虽然人工提取的特征在情感识别领域得到了广泛应用，但它们并未能有效区分语音与表情图像中的情感信息。因此，研究人员希望能够通过卷积神经网络自动从原始像素中提取情感特征。对于音频数据处理，则需要先将音频转换为梅尔频谱图，再输入 CNN 中学习情感特征。这种自动化的特征提取方法有望提升情感识别的准确性和效率。② 在融合多模态数据之前，必须对同源的多模态数据进行时间对齐。以往的研究大多采取了简单的音视频同步对齐方式，但并未充分利用语音段与静音段的差异性。例如，即便是将代表情感信息的音频梅尔频谱图作为 CNN 的输入，直接使用原始音频的频谱图也并不合适。因此，在计算梅尔频谱图并将其转换为 RGB 三通道彩色图像之前，必须对有声段和无声段进行适当的情感权重分配。具体而言，首先需要对原始音频数据进行语音活动检测，以区分音频帧是属于静音段还是语音段。然后，给静音帧、语音帧及视频数据中相应的面部表情帧分配 0 和 1 的情感权重。简单来说，当某一时间段的音频或视频数据被赋予 0 权重时，该数据段会被丢弃。其次，计算梅尔频谱图及其前两个序列，并按照适合特征提取器的格式对音频和视频片段进行封装。最后，基于所选择的多模态情感数据集，训练整个视听情感融合（AVEF）模型，以实现更精确的情感识别和融合。

(二) 视听情感融合

多模态融合方法一般分为三个主要阶段：数据准备阶段、特征学习阶段和多模态融合阶段。

① 在数据准备阶段，需要对数据集中的原始视频和音频进行相关处理。这些预处理操作不仅可以最大化保留音视频数据中的信息量，还能确保其格式符合特征学习网络的输入要求，从而为后续的学习阶段奠定基础。

② 在特征学习阶段，利用两个独立的卷积神经网络分别提取音频和视频中的情感特征。音频网络负责从语音信号中学习与情感相关的信息，而视频网络则专注于面部图像中的情感特征提取。这样的分工能够保证语音和视觉信号的情感信息被充分学习。

③ 在多模态融合阶段，利用深度信念网络将同一段视频中的语音情感特征和表情情感特征融合。在此基础上，对每个阶段的情感识别结果进行整合，得到每个视频片段中各阶段的情感信息。接着，利用支持向量机对这些融合后的结果进行进一步处理，最终得出该段视频的整体情感判断。

二、基于人工智能的情感通信

(一) 情感通信的相关应用

1. 混合驾驶

现如今的无人驾驶技术，主要集中在车辆的速度控制、转向调节、障碍物检测及车辆间通信等方面，并引入 AI 技术来提升无人车的智能性。然而，这些技术往往忽略了驾驶员的情感认知及生理、心理状态的影响。在某些复杂驾驶环境下，驾驶员的情绪状态会直接影响到驾驶决策，而无人驾驶技术如果不考虑这一点，可能无法全面提升驾驶安全性。为此，AI 情感通信系统的引入成为一种潜在的解决方案。

AI 情感通信系统可以应用在无人驾驶的场景中，专注于分析和感知驾驶员的情绪状态、心理反应及生理条件。在驾驶过程中，AI 系统通过监测驾驶员的情绪波动，如焦虑、紧张、困惑等，结合当前的道路状况、交通环境及驾驶员的驾驶历史，自动调整驾驶控制权。这样，在驾驶员情绪不稳定或者遇到复杂路况时，系统能够及时接管车辆的操作，避免情绪导致的失误操作，从而大幅降低交通事故发生的概率。

许多交通事故的发生与驾驶员的情绪状态密切相关。例如，驾驶员在陌生或者复杂的道路环境下，往往会感到困惑或犹豫，这种情绪波动极易导致错误决策，从而引发事故。如果在这种情形下，AI 情感通信系统能够迅速检测到驾驶员的不良情绪，并将控制权交给无人驾驶系统，无疑可以有效减少事故的发生。这一系统还能够根据情感信息动态调整驾驶权控制，提升无人驾驶的安全性。

在 5G 技术支持的无人驾驶系统中，实现全局优化不仅要关注车辆与道路之间的关系，还要考虑驾驶员的情感状况。情感通信系统能够与车辆的感知系统相结合，不仅帮助车辆对周围环境做出正确判断，还能够将驾驶员的情感状态纳入整体系统的评估中。无人驾驶并不是为了完全替代驾驶员，而是在某些特定情况下，协助驾驶员完成驾驶任务。在多数情况下，仍然由驾驶员来主导车辆的操作，特别是在与家人朋友一起驾车旅行时，许多人更倾向于自己驾驶，以享受驾驶的乐趣和控制感。然而，当驾驶员希望休息或分散注意力时，比如想拍摄窗外的风景或与同车人员交流，这时控制权可以由无人驾驶系统接管。

这一切的实现依赖于 AI 情感通信系统的决策能力。AI 系统通过对驾驶员情感状态的实时监测，做出最优的驾驶权转移决策。例如，当驾驶员情绪不稳定，出现负面情绪，如困惑、焦虑、犹豫等时，AI 系统会自动判断驾驶员当前不适合操作，随即将控制权转移给无人驾驶系统。这种控制权的灵活转移机制称为"混合驾驶"。在混合驾驶模式下，AI 情感通信系统不仅能确保车辆在无人驾驶时的安全性，还能充分尊重驾驶员的意愿，实现驾驶权在自动与手动之间的无缝切换。

混合驾驶中的关键角色是虚拟情感机器人。它不是具象化的物理存在，而是基于 AI 情感认知技术的智能系统。与传统机器人不同，虚拟情感机器人拥有更加广泛的感知能力，尤其是在情感识别与决策方面具有出色的智能性。它通过云端智能与全局视角，结合驾驶员的情感认知和大脑状态，制定最优的控制权转移策略，从而确保驾驶过程中的安全与人性化。与传统无人驾驶系统直接剥夺驾驶员的控制权不同，混合驾驶模式中的虚拟情感机器人更具人性化。它的设计初衷是基于驾驶员的情感状态及个人意愿，灵活调整驾驶控制权。这种人性化的情感通信系统不仅保护了驾驶员的安全，还赋予了驾驶员更多的自主权。当驾驶员处于情感不稳定状态或有潜在风险时，虚拟情感机器人能够迅速做出判断，将驾驶任务交给无人驾驶系统处理。这一模式不仅保证了驾驶的安全性，也增强了驾驶体验的舒适性和智能化。

2. 情感社交机器人

基于广度学习与认知计算的情感社交机器人通过收集用户的基本信息，对用户进行深度建模，从而在长期的交互过程中，逐渐影响和优化其决策。这种机器人不仅能够进行广泛的数据采集，还可以在单一用户身上进行长期、细致的情感数据采集。基于这些数据，结合无标签学习技术及情感识别与交互算法，情感社交机器人可以不断提升其对用户情绪的识别准确性，并随着时间推移自我进化，展现出更为精确和个性化的情绪认知能力。

情感社交机器人的核心在于情感识别与互动。在采集用户数据后，机器人通过复杂的情感认知系统进行情绪识别，并通过交互功能与用户进行情感互动。为了增强用户体验，情感社交机器人被赋予了 9 种人格特征：勇敢、稳重、真诚、善良、自信、谦逊、坚韧、进取、乐观。这些特征使机器人在与用户互动时，更加贴近人类情感需求。同时，机器人能够识别用户的21种情绪，这是其情感互动中的关键所在。通过这些特征，情感社交机器人不仅能够精准地识别用户的情绪，还能够在情绪安抚和心理健康调节方面起到重要作用。

情感社交机器人在采集用户数据后，利用 AI 情感通信技术将这些数据传送到边缘云进行处理与标注。边缘云对数据进行初步处理后，数据会被进一步传输到远端云端进行更深入的分析。通过 AI 技术，远端云会对用户的生活模式进行建模和分析，并将分析结果反馈给机器人，进而反馈给用户。这种反馈机制能够帮助机器人不断完善对用户生活模式的认知，并根据用户的情感需求做出个性化的调整与优化。

通过这些技术手段，情感社交机器人具备了丰富的情感认知和学习能力，能够在长期使用过程中逐步理解和适应用户的情感变化。最终，它可以通过这种方式实现对用户生活模式的深度理解，为用户提供情感安抚、心理支持及健康管理等全方位的服务。

(二) 体系架构

1. AI 情感通信的定义和特点

(1) 情感的定义

情感可以被视作一种传统多媒体信息的元素，能够像文本、语音或视频一样，通过网络进行传输。这意味着，情感可以作为一种独立的通信介质，在信息传递过程中发挥作用。例如，在无人驾驶的场景中，驾驶员的情感状态对驾驶决策有着重要的影响。驾驶员的情感可以是正面的，如心情平静、愉快等，此时驾驶员可能表现出微笑、语调轻快、精力充沛等状态，这些情感不会影响正常驾驶操作。相反，负面的情感，如情绪低落、焦躁不安或疲劳等，则可能影响驾驶员的注意力和反应能力，进而影响行车安全。负面情感的表现形式可能包括表情沮丧、语调低沉，甚至出现疲倦打盹等危险行为。由此可见，情感在许多场景中直接影响决策和行动，在通信中同样具有重要的地位。

(2) 情感的产生

情感的产生受到多种因素的影响。传统的情感通信，通常从物理信息、环境信息和社交网络信息三个维度分析情感来源。物理信息包括用户的生理信号，如心率、血压等，能够反映用户的情绪波动；环境信息是指用户所处的外部环境，如驾驶员当前的路况、地理位置及时间段，判断是否处于交通拥堵、是否熟悉该路线，以及是白天还是夜晚等；社交网络信息则指用户在社交平台上的互动和活跃度，例如，用户是否频繁与他人交流或发布状态，从而间接反映其情感变化。

而在 AI 情感通信系统中，情感的产生机制进一步拓展，不仅包括上述三个维度，还包括用户的多模态情感数据。这些数据可以通过语音和面部表情等方式采集，进一步丰富了对情感的分析。例如：语音数据能够捕捉到用户情绪的细微变化，如语调高低、语速快慢等；面部表情则可以直接呈现用户的情感状态，如微笑、皱眉等细节动作。这些多模态的数据融合，使得 AI 能够更加准确地识别并处理用户的情感。

通过这种多维度的情感信息采集和分析，AI 情感通信可以更为全面地理解和响应用户的情感状态，从而在不同情境下做出更加人性化和智能化的反馈。

(3) 情感的传递

在过去关于情感通信的研究中，情感的传递模式主要可以分为两种：单态模式和多态模式。在单态模式下，用户和机器人之间的交流不只是数据交换，还包含了情感层面的互动。在这种模式中，机器人本身被赋予了一定的情感表现力，能够通过表情、语调等方式与用户进行深层次的情感交流。这种情感交流不仅使人机对话更加自然，也使得用户在交流中感受到被理解与关怀。在多态模式下，机器人自身并不具备情感，而是作为一种媒介，用于传递远程用户之间的情感信息。换句话说，机器人在这里更像是情感的"中介"，它可以将一个用户的情感状态传递给另一个用户，从而实现两者之间的情感交流。在这一模式中，机器人起到了桥梁的作用，使得人们即便远隔万里，也能够通过它进行情感上的沟通与理解。

机器人不只是执行命令的工具，它还能够"理解"用户的情感，从而以更人性化的方式做出反应。在情感传递的过程中，5G 通信技术发挥了重要作用，凭借其高速率、低延迟的特点，能够确保情感数据的传输更加即时、可靠。同时，为了实现高质量的情感通信，还需要专门设计通信协议，以保障信息的传递效果和质量。

基于上述关于情感的定义、产生和传递方式，并融入人工智能（AI）技术，我们可以实现用户之间或用户与机器人之间更加智能化的情感通信。这种情感通信带来了新的特性和优势，与传统的情感交流方式相比，有着明显的不同和进步之处。AI情感通信的特点可以从以下三个方面来理解：

①AI的赋能：在传统情感通信的基础上，融入了大量的人工智能技术，使得情感的传递更为精准和智能。例如，在无人驾驶场景中，虚拟情感机器人可以采集驾驶员的生理数据，进行情绪标注和识别，并根据驾驶员的情感状态进行互动，从而影响最终的驾驶决策。在整个过程中，AI技术的参与贯穿始终，确保了情感传递的智能化和人性化，这也提升了驾驶安全性。

②情感的核心地位：情感传递的核心理念是"以人为中心"，重视精神世界的交流和共鸣。情感不仅是一种信息，更是一种人与人之间的重要联系。通过情感的通信，远隔空间的双方可以感觉到对方的存在，体验到精神和情感的交流。这种人性化的通信方式不仅是对传统交流方式的扩展，也是在虚拟环境中加强了人们的心理连接和情感陪伴。用户能够通过这种情感通信体验到被理解和被关注，从而大幅提升了通信的质量和用户的满意度。

③通信的实现方式：情感的传递过程，类似于语音、文本或视频等传统信息传递形式，但它更加注重情感层面的交流。AI情感通信系统依赖于高速的5G移动通信网络，以确保情感信息能够实时、高效地进行传递。同时，为了使情感通信具有高质量的服务体验，通信协议也必须经过精心设计，以保证整个情感传递过程的稳定性和及时性。无论是在无人驾驶、远程医疗，还是社交沟通等场景中，AI情感通信都通过这些先进的技术手段，实现了情感的实时共享与互动。

2. AI情感通信架构

（1）数据采集层

在情感通信中，首先需要获取能够表达情感的信号。信号采集的深度与广度是准确识别情感的关键因素。用户的生理数据可能影响情绪的变化，因此可以通过智能穿戴设备采集生理数据，或者通过手机摄像头识别用户指尖的毛细血管以测量心率，接着使用 PPG 技术 (光电容积描记法，一种无损检测人体心率的红外技术) 来分析用户的心理压力。与此同时，手机数据也能提取用户的社交信息，包括通话记录、短信记录及用户在社交网络上的活跃程度等。在无人驾驶场景中，虚拟情感机器人还需采集驾驶员的语音、面部表情特征变化等多模态情感数据，以及周围的环境信息，例如当前的道路状况、地理位置、时间等信息。另一个应用场景是情感社交机器人，系统通过养成类游戏持续收集用户在不同阶段的多维度情感数据，伴随用户成长，不断进化和提升系统能力，从而为用户提供更加个性化和贴心的服务。

(2) 数据集标注与处理层

在数据采集过程中，通常无法直接获得类似用户体检报告或医生诊断记录这类有标签的数据。因此，系统在与用户无意识互动时，会收集大量的无标签数据。为了不干扰用户，我们需要对这些数据进行标注和处理。由于 AI 情感通信的应用场景对数据交互的延迟和传输速度有较高要求，我们在边缘云中进行数据标注与处理，以减少向远端云卸载数据的量。边缘云中部署了一台具备存储与计算能力的小型服务器，靠近用户和机器人等终端设备，通常只需经过一次跳跃便可完成服务请求。在边缘云中，通过无标签学习算法对通信流量进行控制，减少数据卸载，同时保持 AI 情感通信系统的智能性。无标签学习算法会考虑将无标签数据加入数据集后的影响，只有当数据对整体数据集产生积极作用时，才会将其纳入。此外，还需考虑数据的纯净度，必须剔除不可靠的数据，因为模糊、低价值的数据可能会导致错误传播，影响系统的精度和可靠性。

(3) 情感通信层

AI 情感通信系统的核心是准确、及时地把握用户的情感状态。为了实现这一点，5G 技术的应用至关重要。5G 不仅提供高速数据传输，还可以支持大规模的计算任务，确保只需将部分计算任务分配给终端设备和边缘云处理。情感通信层是多维多模态情感数据传递的关键，负责终端设备、边缘云、远端云之间的通信交互，要求数据传输具备极低的延迟。在该层中，借助 5G 技术为用户与机器人之间的交互制定相应的通信协议，从而确保信息的高效传递和反馈。

（4）AI 情感分析层

AI 情感分析层部署在远端云中，依靠强大的数据中心进行情感数据的深度处理和分析。边缘云收集的多维多模态情感数据通过远端云传递至 AI 算法进行处理。远端云具有强大的存储和计算能力，能够有效完成情感通信系统中的海量数据分析。该层应用的 AI 算法包括用于语音情感识别的 AlexNet DCNN+SVM 算法，以及用于人脸情感识别的 VGG 网络等深度学习技术。情感分析模型通过对多维情感数据的综合分析，精准推断用户的情感状态。由于用户情感数据复杂多样，情感推断并不是简单的线性过程。例如，在无人驾驶场景中，AI 模型会基于路况信息推测驾驶员对当前环境的熟悉程度，从而判断其是否处于疑惑或犹豫状态，以辅助决策。

此外，情感分析需要综合考虑多方数据，不能孤立地推断用户情感。通过将相关数据与情感建模，AI 系统可以从用户的行为模式中提取出与情感相关的事件，并挖掘这些事件与其他用户或相似情境的关联性。这不仅能够实现基础的情感分类，还能进行更深入的情境分析，追踪用户情感状态的变化轨迹。这种全方位的情感分析使 AI 情感通信系统具备更强的智能性和适应性，能够更加精准地理解和预测用户的情感波动及其背后的原因。

（5）控制决策层

在 AI 情感通信架构中，为了让用户体验到真实的情感交互，控制决策层的作用尤为关键。当 AI 分析层识别出用户的情感状态后，控制决策层需要根据用户的个体差异，提供个性化、智能化、富有人性化的情感反馈。例如，在情感社交机器人应用中，机器人可以对悲伤的用户提供触觉反馈，如拥抱或轻抚等。在无人驾驶场景中，依据云端分析层提供的用户情感状态，判断驾驶员是否处于犹豫或困惑的状态，从而进行控制决策。通过统计模型，将驾驶员的情绪状态作为权重因素，计算并调整控制权的转移概率。无人驾驶系统与驾驶员可以共享控制权，比如：在夜间驾驶且驾驶员极度疲劳时，系统应接管 30% ~ 40% 的控制权；而在白天驾驶员精神状态良好时，则完全由驾驶员掌控。在数据输入阶段，边缘云使用无监督学习为数据集标注类型，通过 5G 网络将数据传输至远端云，运用深度学习等 AI 情感识别算法对情感状态进行分析，最终做出控制决策。

(三) 开放性问题

尽管 AI 情感通信为无人驾驶和情感社交机器人等领域带来了全新解决方案，不仅能有效降低无人驾驶中的交通事故风险，还能极大丰富情感社交机器人的情感交互能力，但与此同时，它也引发了诸如隐私侵犯、网络可靠性不足及情感大数据识别算法优化等一系列风险和挑战。

1. 隐私侵犯问题

隐私侵犯问题是当前最受关注的，因为对用户的危害极大。AI 情感通信需要广泛采集用户的各类数据，一旦数据泄露，用户的隐私将面临极大的风险。此外，某些网络监控组织可能持续监听用户的活动，窃取其敏感信息。如果这些数据落入不法分子手中，则用户的生活、财产和安全都可能受到严重威胁。

2. 网络可靠性问题

网络可靠性是一个亟待解决的挑战，尤其是在云服务中。如果网络中断，依赖云计算的情感分析系统将无法正常运作，例如情感社交机器人无法继续执行基于云的图像分析任务。这一问题的解决方法之一是设计灵活的数据处理算法，使在网络不畅时能够本地执行部分计算任务。另一种解决方法是开发高效的深度学习芯片，将其集成到设备中，从而实现本地的数据处理能力，不依赖网络。

3. 情感大数据识别算法的优化

随着用户对服务质量和性价比要求的提高，服务提供方面临越来越多的挑战。情感大数据的采集、安全性和隐私保护，以及情感识别算法的智能化程度都成了优化的重点。尤其在情感识别的准确率上，问题更为复杂。传统的情感识别通常依赖于统一的语料库或数据集，然而，在实际应用中，不同的用户、设备和环境会产生高度差异的情感数据，这在生理指标、语言风格、情感表达、数据标注方式和声学条件等方面尤为明显。因此，训练出来的模型在新数据上的表现可能显著下降。未来，情感大数据识别需要更注重个性化的长期模型构建，提升模型对不同用户情感识别的准确度，优化深度学习算法，为用户提供更加智能化的反馈和服务。

第三节 基于人工智能的认知物联网

一、基于人工智能的低功耗广域网

物联网的发展让大量异构的终端设备得以无缝连接，为用户提供智能化、便捷的服务及历史数据的开放访问。这些服务的实施，使人工智能系统能够更加有效地感知和监测用户及其周边环境，比如智慧城市、智能家居和健康监护等应用场景。同时，物联网生态系统变得更加绿色、环保、高效，从而提升了整体的成本效益。

然而，物联网技术需求的多样性，带来了网络结构的异构性和设计上的不稳定性。传统的蜂窝网络虽然可以提供广域覆盖，但由于其复杂的调制方式和多址接入技术，难以在物联网场景中实现高效的能耗管理。而随着物联网（IoT）通信技术的逐步成熟，不同通信方式根据传输距离被分为两类：一类是短距离通信技术，典型代表有 ZigBee、Wi-Fi、蓝牙和 Z-wave，常用于智能家居场景；另一类是广域网通信技术，专门为低速率业务服务，通常称为低功耗广域网（LPWAN），自动驾驶便是这类技术的典型应用场景。无线局域网如 Wi-Fi，尽管成本较低，但覆盖范围有限，因此无法满足所有物联网需求；而低功耗广域网凭借其低功耗、广覆盖、低速率和低成本的优势，在远距离通信应用中展现了巨大的前景。低功耗广域网的技术分为两大类：一种是工作在非授权频谱上的技术，如 LoRa 和 SigFox；另一种是基于授权频谱的蜂窝通信技术，由 3GPP 支持，包括 EC-GSM、LTE-M 和 NB-IoT 等。基于以上多样化的无线通信技术，本节提出了一种认知低功耗广域网（Cognitive-LPWAN）方案，针对智慧城市、绿色物联网等复杂异构网络环境，特别是在智能家居、健康监控、自动驾驶和情感交互等 AI 应用领域，实现多种 LPWAN 技术的整合与优化。这不仅满足了用户的基本需求，还能够为他们提供高效、智能化的服务体验。

通常来说，低功耗广域网的设计目标是实现远距离通信，在农村地区可达约 30 公里，在城市地区约为 5 公里。此外，它还需要支持大量物联网设备的长时间运行，预计使用寿命超过 10 年。因此，传输距离和功耗是 LPWAN 技术需要重点解决的关键问题，以满足高度可扩展的物联网应用需求，比如智能监控系统，其中通常只有少量数据需要传输。为了解决这些挑战，两种技术方案被提出：第一种方案是采用超窄带技术，通过将信号集中在窄带内，从而提高信噪比。窄带物联网（NB-IoT）就是这种方法的典型应用。第二种方案则是利用编码增益技术，以应对宽带接收机中的高噪声问题，从而优化能耗。远距离无线通信（LoRa）技术便是这一策略的代表，它通过提升能效扩展了传输范围。然而，使用非授权频谱的无线通信技术，若没有合理管理，容易导致与其他业务的信道冲突和频谱占用问题。如果因此放弃这类技术，将会错失覆盖数十亿终端设备的物联网市场。随着人工智能技术的迅速发展，认知计算能力大幅增强，涵盖用户层面的业务感知、网络层面的智能传输及云端的大数据分析等方面。如今，LPWAN 技术在绿色物联网应用中愈加流行，期望通过新型 LPWAN 架构和频谱资源优化方案，推动物联网生态系统的进一步发展。

（一）低功耗广域网技术概述

1. SigFox

SigFox 由法国 SigFox 公司推出，专为物联网通信服务，具有低功耗和低成本的特性。这项网络技术使用非授权频谱，并因其商业化速度较快而备受瞩目。其核心采用了超窄带技术，从而有效降低了网络设备的能耗和使用成本。SigFox 设备发送的单条消息长度上限约为 12 字节，并且每天每个设备的消息发送次数被限制在 150 次以内。该技术的通信覆盖范围可达 13 公里。

2. LoRa

LoRa 技术由 SemTech 公司开发，是目前应用广泛的低功耗广域网技术之一，工作在非授权频段。LoRa 无线技术的数据传输速率介于 0.3 ~ 50 kbps，支持成千上万甚至上百万数量级的节点，电池寿命为 3 ~ 10 年，覆盖范围在 1 ~ 20 公里不等。LoRa 基于 Sub-GHz 频段，能够实现远距离的低功耗通信，并支持电池供电或能量采集等多种供电方式。由于传输速率较低，可以有效延长电池使用时间，增加网络容量。此外，LoRa 信号在穿透建筑物时衰减较小，因此在大规模物联网部署中具备低成本、高效率的优势。根据具体应用场景的设计，无线覆盖范围在城市区域通常为 1 ~ 2 公里，在郊区或空旷区域则更远。LoRa 在数据传输频次较低、数据量较小的场景中表现出更高的适应性。

3. LTE-M

LTE-M 是基于 LTE 演进的物联网通信技术,旨在充分利用现有 LTE 载波来满足物联网设备的需求。3GPP R12 中定义的 Cat-0 技术具备低成本、低功耗的特性,其上行和下行速率均为 1 Mbps。LTE-M 在相同的授权频谱(700~900 MHz)下,与其他通信技术相比可以实现 15 dB 的传输增益。此外,LTE-M 的网络扇区可以支持高达 10 万次连接,终端设备的使用寿命可达 10 年。

4. EC-GSM

EC-GSM(扩展覆盖 GSM)是由 3GPP 主导、GERAN(无线接入网络)于 2014 年制定的一种技术。该技术将窄带物联网技术(200 kHz)引入 GSM 系统,相比传统的 GPRS,覆盖范围增加了 20 dB。EC-GSM 制定了四大核心目标:增强室内覆盖能力、支持大规模设备连接、降低设备复杂度、减少功耗和延迟。

5.NB-IoT

NB-IoT(窄带物联网,Narrowband IoT)是一种专为物联网(IoT)设备设计的通信技术,旨在满足大规模设备连接的需求。与传统的蜂窝网络相比,NB-IoT 具有更高的覆盖范围、更低的功耗和更强的穿透力,特别适合需要长时间低功耗运行的设备。NB-IoT 在传输数据时使用的是较窄的带宽(如 200kHz),这使得其在覆盖范围、设备连接密度以及网络稳定性等方面具有显著优势。此技术通过与现有的移动网络基础设施兼容,能够在广泛的区域内提供服务,特别是在城市密集区或偏远地区,表现出色。

NB-IoT 不仅支持大规模的设备接入,还能降低设备的复杂度和成本,减少延迟,并优化功耗管理。相比传统的通信技术,如 GPRS,NB-IoT 在通信覆盖和设备连接效率方面具有明显优势,是物联网应用(如智能家居、智能城市、智能农业等)的理想选择。

（二）基于人工智能的低功耗广域网架构

1. 物联网 / 异构 LPWANs

当前的无线通信技术种类繁多，导致了物联网基础设施及其应用的复杂化与多样性。在物联网领域中，基于多种无线通信技术的异构平台逐渐涌现。这些技术包括了像 LoRa 和 SigFox 等低功耗广域网技术、蓝牙低功耗（BLE）和 Wi-Fi 等短距离无线通信技术，以及 NB-IoT、LTE、4G 和 5G 等移动蜂窝通信技术。这些技术的应用场景和覆盖范围有一定重叠，广泛应用于人们的日常生活中。尽管从技术角度来看，它们在某些情况下可以互相替代，但在具体应用中，基于成本、通信性能、能耗和移动性等多种因素的考量，各自仍有明显的优势。例如，NB-IoT 的覆盖范围通常不超过 15 公里，蓝牙的有效通信距离少于 10 米，Wi-Fi 的覆盖范围则在 100 米以内，而 LoRa 技术的通信距离可以达到 20 公里。相比之下，LTE 的覆盖范围在 11 公里以内，5G 的则通常不超过 15 公里。这些技术在覆盖范围、传输速率、带宽、传感器连接能力等方面的差异，使得它们难以在所有场景中普遍适用。但是，不同应用场景对通信技术的需求各不相同。例如：蓝牙低功耗技术常用于短距离的手机或机器人通信；Wi-Fi 则因其传输速率较高、稳定性好、成本低的特点，广泛应用于智能家居等无线局域网场景中；NB-IoT 则充分利用了现有的 LTE 和 4G 基础设施，能够共享 LTE 频谱资源，大幅降低了建设成本，同时适用于低功耗广域网的应用需求；而 LoRa 则因其在非授权频谱上运行的特点，被广泛应用于智能传感器网络中，实现了大规模的传感器连接和数据传输。

2. 认知引擎

在边缘云和中心云架构中加入了认知引擎。该引擎利用强大的人工智能算法和存储的大量用户数据及物联网业务流，能够实现高效的计算和精确的数据分析。这样一来，为低功耗广域网通信技术的选择提供了基于云计算的智能支持。认知引擎主要分为两类：数据认知引擎和资源认知引擎。

（1）数据认知引擎

数据认知引擎主要负责处理网络中不同来源的实时多模态数据流。它具备强大的数据分析能力，能够自动化处理业务逻辑，并通过数据挖掘、机器学习、深度学习及其他人工智能技术，智能地认知并处理业务和资源数据。这一引擎不仅能根据实际情况动态分配资源，还能为系统提供智能化的认知服务，确保业务处理过程中的效率与精度。

（2）资源认知引擎

资源认知引擎的核心功能在于感知和监控来自异构物联网、边缘云及远程云的各种计算、通信和网络资源。这包括网络类型、业务数据流的特征、通信质量及其他动态环境参数。通过对这些资源的实时感知，资源认知引擎将这些信息反馈给数据认知引擎，辅助其分析。同时，资源认知引擎根据数据认知引擎的分析结果，对 LPWAN 技术的选择和资源分配进行动态优化，实现资源的最优配置和通信技术的智能化调度。

通过两类认知引擎的协同工作，边缘云与中心云的计算和资源调度能力得以显著增强，确保了物联网中低功耗广域网技术的高效使用，推动了智能化业务的持续发展。

3. 基于人工智能的 LPWAN 混合方法

基于人工智能的 LPWAN 混合方法是该新型架构中的关键组成部分。当物联网中的用户或设备发起请求时，业务流首先通过当前应用的 LPWAN 技术传输至物联网的边缘节点。接着，利用 LTE/4G/5G 等高速通信技术，将这些业务流发送到边缘云中的计算节点，如无线接入点、路由器或基站等。如果请求的计算需求超出边缘云的处理能力，边缘节点会将其进一步转发到云端进行处理。不论是边缘云还是云计算节点负责处理这类业务流，部署在各计算节点上的数据认知引擎会感知并捕捉该业务流中的所有关键信息。这些信息包括应用请求类型、数据容量、通信能力、用户移动状态、当前 LPWAN 技术的传输速率等。

随后，数据认知引擎会对接收到的请求进行智能分析，识别出流量模式并传递给资源认知引擎以控制业务流的进一步处理。当边缘云计算节点处理该请求时，认知引擎会为发起请求的物联网设备或用户分配适当的计算资源，并决定使用哪种 LPWAN 无线通信技术进行数据回传。回传的信息不仅包含业务内容和控制信息，还包括 LPWAN 技术的选择、交互结果、内容反馈、服务反馈、资源分配及实时监控等参数。

值得注意的是，选定的 LPWAN 技术将在未来的请求中继续使用，直到在流量监控的过程中发现该技术不再适用于当前的流量模式，此时会根据反向传播的反馈流量模式替换成新的技术。

二、认知车联网

(一) 认知车联网的演进和相关工作

1. ITS、VANET、IoV 和 CIoV

智能交通系统（ITS）是一个早在 21 世纪之前就已提出的概念，旨在通过多种技术手段优化交通管理和提升道路安全。ITS 涵盖了一系列应用场景，如车辆管理系统、自动车牌识别系统、交通信号控制系统等。一个典型的应用是为车辆安装电子标签，通过射频识别技术采集车辆的静态和动态数据，进而在信息平台上加以利用，以提升交通管理的智能化程度。

随着无线通信技术的飞速发展，人们开始探索通过车与车直接通信的方式来提升交通安全与运输效率。由此，车载自组织网络（VANET）成为研究热点。VANET 主要依赖专用短程通信（DSRC）技术，允许车辆之间在没有固定基础设施的情况下进行直接通信。然而，VANET 在实际应用中面临的挑战依然存在，特别是由于车辆的高速移动性及基础设施的相对不完善，通信服务的稳定性和可靠性仍然难以保证。因此，仅依赖 VANET 的通信模式难以完全适应未来复杂的交通场景需求。

随着云计算和物联网技术的逐渐成熟，车联网的概念应运而生。车联网通过统一的通信协议和数据交互标准，能够实现车与车、车与道路基础设施、车与行人，以及车与互联网的多方无线通信，从而完成信息交换与共享。

认知车联网（CIoV）作为车联网的进一步发展，结合了认知计算和智能决策技术，通过对车联网环境中海量数据的感知、分析与学习，自主优化通信模式和资源分配，使车辆与外部环境的交互更加智能化和高效化。认知车联网不仅提升了车联网的灵活性，还增强了系统对动态交通环境的适应能力，是未来智能交通系统的重要发展方向。

2. 自动驾驶技术

近年来，随着人工智能技术的快速发展，深度学习逐渐成为人工智能的重要组成部分。作为人工智能在汽车领域的核心应用，自动驾驶技术备受关注和研究。自动驾驶和无人驾驶技术能够在很大程度上减少人为失误导致的交通事故，如药物影响、酒驾、驾驶经验不足及超速等问题，有望显著提升道路交通的安全性。

基于人工智能的自动驾驶技术与车联网具有很强的互补性和融合潜力。一方面，自动驾驶所需的智能决策和感知能力建立在大量真实数据的基础之上，而车辆在行驶过程中产生的海量数据正好为人工智能模型提供了丰富的学习和训练素材。另一方面，随着图形处理器、张量处理器、现场可编程门阵列和专用集成电路等计算芯片的快速发展，深度学习方法在实时数据处理上的性能得到了极大提升。未来，这些技术将更好地为认知车联网提供高效的环境感知、决策和控制能力，确保车辆在复杂交通环境中的安全行驶。

目前，人工智能在自动驾驶领域的应用已取得突破性进展。基于人工智能的路径规划优化算法、障碍物识别算法及道路识别算法等都为自动驾驶和无人驾驶技术提供了关键的技术支持。这些算法不仅能够精准地感知环境，还能对车辆的行驶路线进行最优决策，从而保障行车安全。

在认知车联网的场景中，具备自动驾驶能力的智能车辆通过与周围车辆、道路设施、交通信号灯等多方面的信息交互，可以获取比单个自主车辆更多、更全面的环境数据。这种多源信息的融合显著增强了车辆对周围环境的感知能力，使其能够更加准确地判断交通状况，从而优化行车策略，提高整体交通系统的效率和安全性。

3. 云/边缘混合架构

云计算具备强大的计算能力和海量存储资源，能够有效降低软件服务的部署成本。然而，随着移动设备的快速普及和本地高效处理需求的增加，边缘计算作为一种靠近数据源的计算模式，逐渐成为云计算的重要补充。云/边缘混合架构是应对认知车联网需求的理想方案之一。在认知车联网的应用场景中，边缘计算能够通过本地协作，快速提供智能服务，以应对许多对延迟敏感且需要本地实时处理的车载认知应用，例如实时的路况分析和驾驶员行为监控等任务。

尽管边缘计算在实时处理上具有优势，但其计算和存储能力相对有限，难以满足长期数据存储和复杂分析的需求。因此，在非驾驶状态下，将车载数据传输到云端进行深度分析和长期存储是非常必要的。此外，云端的强大计算资源还在系统初始化、远程控制和高级分析方面发挥着不可或缺的作用。因此，云计算和边缘计算的结合在认知车联网中具有重要意义，既能够满足即时处理需求，又可以通过云端处理提供长期的智能支持。这种云/边缘混合架构通过边缘计算提供低延时的本地处理能力，同时借助云端的强大分析能力来完成复杂任务，使得车联网系统在资源利用和服务性能上达到最佳平衡。

4.5G 网络切片

随着移动通信技术的不断发展，5G 网络服务正在迅速崛起，能够为用户提供高度定制化的服务体验，将网络功能与业务需求深度融合，显著提升服务的灵活性和用户体验感。其中，5G 网络切片凭借其高度灵活和可扩展的特性，成为当今网络通信领域的研究重点。一方面，网络切片技术可以充分挖掘和发挥电信技术的潜力，有效提高网络资源的利用效率，降低运营成本。另一方面，网络切片在诸如智能汽车、智慧城市及工业制造等领域展现出巨大的市场应用前景。

尤其是在车联网的应用中，5G 网络切片能够满足其超低延时、高可靠性等特定需求。其核心理念是通过将运营商的物理网络划分为多个独立的虚拟网络，以适应不同类型服务的特定需求。每个虚拟网络的划分依据可以包括延时、带宽、安全性、可靠性等多种因素，从而能够灵活应对多样化的网络应用场景。此外，借助 5G 网络切片技术，配合网络切片代理的使用，还可以实现网络资源的共享与优化配置。将原本孤立的网络资源整合在一起，能够依据实时需求动态调度网络资源，为特定应用场景提供更加精准的网络支持。

(二) 认知车联网的架构

1. 感知层

在认知车联网中，感知层的主要任务是采集并预处理来自多个异构来源的海量数据。这些数据既包括物理空间中的多维时空信息，也包括网络空间内的流量和资源分布情况。与传统大数据相比，物理空间中的数据往往是非结构化的。比如，感知层需要获取与驾驶员相关的数据，如驾驶行为视频、面部表情等，还需要依靠高精度传感器来实时收集周边环境中的行人、车辆和其他物体的运动轨迹和精确位置信息，将这些数据整合为多维时空数据以进行分析和处理。

与此同时，网络空间的数据主要由运营商的资源使用情况及用户请求等信息组成。如路侧单元（RSU）、基站等设备的资源占用状态，用户的服务请求及基本数据等，都需要被感知层持续采集。这些原始数据常常是不干净的，可能存在冗余、不一致或格式问题。因此，为了提高边缘设备对数据处理的效率，感知层通常采用适当的算法对数据进行预处理，包括清理、格式化和规范化，确保提取到的关键信息可以为后续的决策和应用提供可靠的支持。

2. 通信层

为了满足不同应用场景对时效性的多样需求，认知车联网的通信层采用了云端与边缘计算相结合的混合架构设计。根据具体的通信需求，接入方式灵活运用多种技术。在车内局部网络环境中，由于大量驾驶数据需要实时处理，车内网通过智能设备与车载边缘云的快速通信，实现对车辆动态信息的即时处理与分析。这一方式确保了车辆内部信息的高速响应。

在车间通信方面，系统重点优化资源分配与利用：一是通过构建自主运动体（如车辆）之间的自组织网络，或通过与路侧单元形成星型网络，实现车辆之间或车辆与基础设施之间的低延迟实时信息交换；二是如果没有邻近的通信单元可用，车辆也可以借助蜂窝网络进行数据传输，以保证通信的连续性与稳定性。在大范围的应用中，云端主要承担整体交通信息的集中管理。它不仅负责全局道路交通状况的监控，还能构建完整的车联网网络拓扑结构，提供道路状况信息及自主运动体的时空服务。同时，车辆与云端的通信也是不可或缺的，尤其是那些不需要实时处理的任务，可以逐步上传至云端进行更深层次的分析和计算，确保整个系统的灵活性与效率。

3. 认知层

为更好地满足不同业务需求，提升认知车联网的智能化水平，认知层在云/边缘中部署了专用的认知引擎。认知引擎分为负责数据处理的"数据认知引擎"和管理资源分配的"资源认知引擎"。在这个系统中，物理数据空间与网络数据空间为数据认知引擎提供多源数据支持。

在物理数据空间中，数据认知引擎通过多种认知分析技术（如机器学习、深度学习、数据挖掘和模式识别等），对不同类型的异构数据流进行处理和综合分析。具体而言，数据认知引擎能够基于采集到的数据，对用户任务进行深入的认知，如驾驶行为模式识别、驾驶员情绪状态分析、实时路况监测等。根据任务的不同特性，数据认知引擎将任务分为实时和非实时两类。实时任务通常部署在接近用户终端的边缘节点，以便提供快速响应；而非实时任务则可以安排在云端进行处理，从而更有效地利用计算资源。

在网络数据空间中，数据认知引擎会动态监控和评估云/边缘网络的计算、存储和网络资源状态，并依据资源分配的反馈，提出网络优化建议和实时资源管理策略。分析结果将传递给资源认知引擎，指导系统在各种场景下的资源分配。当遇到延迟敏感的任务时，边缘节点会优先评估自身资源是否充足，如果无法满足需求，则将非实时任务转移至云端，以便重新分配资源，从而确保延迟敏感任务能够获得所需的计算能力和带宽支持。此外，认知层还可以根据具体业务场景和应用需求，部署不同类型的专用引擎。例如，针对海量数据采集和存储、驾驶行为分析、网络安全防护等应用场景，均可部署相应的认知引擎，实现对不同任务类型的高效管理与调度。通过灵活部署与动态调整，认知层能够更加精准地匹配系统资源与任务需求，提升整体系统的运行效率与智能化水平。

4. 控制层

随着车联网规模的迅速扩展，数据处理和策略执行的复杂性也随之大幅提升，控制层成为决定系统性能的核心环节。传统依赖大型数据中心进行集中控制的方式，在与车联网中各类边缘自主设备的交互中，往往会导致明显的延迟。因此，为了增强网络的稳定性和可靠性，并适应不同业务场景的时效性需求，控制层通过在云/边缘不同位置部署分层次的资源认知引擎，来实现高效的资源调度和管理。

资源认知引擎作为控制层的核心工具，负责对网络资源的动态管理与优化。该引擎的主要技术依赖于网络功能虚拟化、软件定义网络、自组织网络和网络切片等关键技术。

边缘部署的资源认知引擎能够有效管理边缘云中的数据处理任务，虽然边缘云的存储、计算和带宽资源相对有限，但其通过分布式决策机制，可以迅速处理底层数据，确保对车载认知应用的服务质量要求做出快速响应。

特别是车载边缘的资源认知引擎，能够实时处理车辆行驶数据，从而实现更快的决策与反馈，满足车辆在行驶过程中对低延迟的需求。

相比之下，云端的资源认知引擎主要负责对全局信息的集中管理与网络优化。尽管云端具备强大的存储和处理能力，但其代价是需要大量的集中化资源。因此，云端的核心任务之一是实时监控边缘网络的资源使用情况，并在必要时对边缘资源进行动态调度。此外，当系统遭遇突发情况时，边缘节点会及时向云端发出警报，云端则利用其高性能计算能力，迅速执行一系列应急处理措施，确保系统的稳定运行。

5. 应用层

①个性化定制应用服务主要针对车辆行驶过程中可能出现的安全隐患，提供一系列增强安全性的功能。典型的应用包括驾驶员疲劳监测、行车路线规划和驾驶员情绪识别等。除此之外，随着越来越多的智能设备接入认知车联网，相关的认知应用（如移动健康监测系统）也能根据用户的个体需求进行个性化配置，提供更为贴合用户需求的服务。

②智能交通应用包括智能驾驶与交通管理等。智能驾驶的核心是通过车辆与车辆、车辆与道路基础设施之间的通信，结合对驾驶员行为的智能感知和分析，帮助驾驶员更准确地了解路况，从而提供有效的驾驶辅助，终极目标是实现完全无人驾驶。而智能交通管理则是基于认知层所提供的实时分析数据，帮助交通管理部门更高效地掌握道路和车辆的运行情况，从而实施科学的交通疏导和优化措施，提升道路通行效率，改善整体交通状况。

（三）多维网络下的认知设计问题

1. 车内网认知

（1）基于长期行为认知的驾驶指导

在现有的研究中，很多方法通过实时监测驾驶员的状态来减少交通事故的发生。主要从两个方面入手：一方面是对驾驶行为的监测，通过识别潜在风险，提前发出警告，延长驾驶员的反应时间，从而降低事故概率；另一方面则是监测驾驶员的疲劳程度和情绪波动，采取提醒或干预措施，帮助驾驶员保持警觉状态。

这些监测方法在实践中都被证明是有效的，但车内网不仅限于此，还有更多数据可以被深度挖掘和利用。车内网作为一个相对封闭且私密的环境，能够反映出车主的生活习惯和心理状态。对车主在车内网中行为的长期监测和认知分析可以为车主提供个性化的驾驶指导，降低事故发生的可能性，并提升整体用户体验。车主的行为、情绪和健康状况能够直接反映其当前的生活状态，而认知车内网可以及时感知并帮助其调整这些状态，从而在驾驶、健康管理、工作效率、娱乐体验甚至饮食习惯等多个方面为用户提供建议。

在具体操作上，车内网中的各类传感器，如摄像头、导航设备、里程计等，负责收集车内的多种数据类型，包括图片、语音、视频、生理健康数据和行驶轨迹等。车载边缘计算设备则对这些数据进行本地处理与实时分析。得益于车载边缘云与其他边缘设备的协同作用，车载终端可以在本地完成大部分的实时计算任务。然而，由于本地设备的存储和处理能力有限，车载边缘云会在车主离开车辆时，将本地数据上传到私有云端进行深度处理和长期存储。通过认知计算，云端对用户的基本信息、驾驶习惯、情绪状态及健康数据进行分析，生成个性化的行为规则。这些规则不仅能反映车主的过往行为习惯，还可以提供当前生活状态的更新信息（如驾驶风格、健康历史、出行频率等）。换言之，车载边缘云与远端云的协同作用，将用户的历史数据与实时数据相结合，动态生成一个不断更新的生活习惯认知模型，以此为车主提供更精准的驾驶指导和生活建议。在某些紧急情况下，如检测到驾驶员处于疲劳驾驶状态，车载边缘设备会将异常数据通过移动网络传送至云端。这类紧急消息数据量小，但对实时性要求极高。云端接收到信息后，会根据情况采取快速应对措施，如播放提示语音或音乐来改善驾驶员的情绪或精神状态，甚至直接启用安全自动驾驶模式，确保行车安全。在长期行为认知与实时行为监测的协同下，驾驶员的安全将得到全面保障。

（2）基于多智能设备交互的移动认知应用

随着人工智能技术和芯片设计的飞速发展，近年来移动智能设备的数量呈现爆发式增长。这些设备包括智能手机、增强现实头盔、智能穿戴设备等。在车载边缘云环境下，移动智能设备的低延时和高可靠性得以保障，同时这些设备能够大幅提升车内环境的用户体验，提供更便捷的方式获取所需信息。以移动健康监护为例，深入了解车内网中多智能设备交互下的移动认知应用。

驾驶员的健康状态不仅直接关系到个人的安全，还会影响到车内其他乘客、周边驾驶员乃至整个交通系统的安全。当驾驶员在身体不适或疲劳驾驶时，警觉性会下降，反应速度减慢，极易引发交通事故。因此，实时监控驾驶员的生理健康状况显得尤为重要。

在传统驾驶场景中，驾驶员在疲劳或不适的情况下，往往因注意力下降而无法及时意识到自身状态，选择继续驾驶，从而带来严重的安全隐患。为了避免此类情况，车内网利用认知技术对驾驶员进行情绪分析、行为监测及生理状态监控。例如，车内摄像头能够捕捉驾驶员的面部表情，并将数据传输到车载边缘设备进行处理和分析。在驾驶行为检测方面，摄像头可以识别驾驶员眼睑状态及轻微的点头动作，以监测其是否出现微睡眠现象。结合嵌入传感器的方向盘和智能里程表等设备采集的数据，系统可以实时分析驾驶员的状态，发出预警或提醒，帮助防止潜在的交通事故。不仅如此，乘客和驾驶员的生理健康数据还可以通过智慧衣等穿戴设备收集，并实时传输到车载边缘设备进行处理。车载边缘利用数据认知引擎，对每个用户的健康状况进行分析评估，生成健康等级报告，并将结果同步至用户的智能手机等终端设备。与此同时，车内的用户可以通过车内网共享健康数据的可视化窗口，了解彼此的健康状态。如果在行车过程中，驾驶员突然感觉不适，车载边缘通过智慧衣等设备采集的数据，可以快速检测出紧急情况。系统会自动启用安全自动驾驶模式，并向周边车辆和云端发送警报信号。与此同时，云端会调用更多资源进行更加全面的健康分析，系统不仅能够为驾驶员提供更深度的健康状况分析，还能及时联络附近的急救车辆和医疗人员，将分析结果发送给医生，以便在救护车赶到前进行初步诊断。这一过程充分利用了急救车在路途上的时间，大幅提升了驾驶员的生存机会。

2. 车间网认知

在智能车辆的生态系统中，车间网是由能够进行通信和资源共享的车辆所构成的动态网络。车间网的通信方式多种多样，包括道路边缘通信、车对车通信及移动网络通信等。智能自主运动体作为认知车联网中的核心元素，通过车间网进行协作认知，可以解决车辆数据采集中的不稳定性问题，并优化 5G 网络资源的分配效率。

(1) 基于群体认知的 IoV 稳定服务建模

实际道路环境复杂多变，车辆上报的环境数据往往存在一定误差。同时，车辆在高速移动中，通信链路的不稳定性导致数据传输延迟和抖动，无法确保数据的实时性和准确性。此外，车辆数据在时空上的分布密度并不均匀：在交通高峰期，数据流量会剧烈增长；而在非高峰期，数据流量则较少。这样的时空波动使得站点部署、热点覆盖及资源分配面临更高的灵活性与智能化需求。因此，数据不稳定性及对通信链路的延迟和可靠性要求，成为车联网服务建模的两大主要挑战。

车间网的协作认知有助于提升车联网业务模型的稳定性。认知车联网的业务建模理论涉及空间、时间和移动性三大维度：空间模型用于描述业务数据流的发起位置；时间模型用于刻画数据流随时间的动态变化；移动性模型则描述了业务在空间位置上的变化。认知车联网通过数据挖掘技术，从存在误差和延时的数据中提取出有效信息，增强了模型的泛化能力，并降低泛化误差。在车间网的群体协作背景下，智能自主运动体间的相互识别能力提升了环境感知的精确度。除此之外，群体协作生成的共享地图和环境建模信息也更加可靠。

通过在时间和空间维度上对车辆行为进行认知，建立具有时空随机特征的车辆数据业务传输机制，从而提高车联网服务的预测精度。这一认知过程不仅能够优化资源配置，还能提升车联网中有限资源的利用效率，使其在复杂交通环境中提供更为高效的服务。

(2) 基于动态需求的 5G 网络切片资源分配优化

在交通网络中存在多种车辆类型，如私人轿车、公交车、货运车辆、救护车、警车等。这些车辆在车载设备能力 (如计算资源、弹性资源比例等) 和实际业务需求 (如行驶速度、载客量、是否具备特殊功能) 等方面差异显著。同时，在认知车联网内部也存在多样化的智能应用需求，如个性化的信息服务、安全的无人驾驶系统、实时健康监测等。此外，由于车辆在行驶过程中的资源需求具有动态性，传统的固定资源配置方式已无法适应未来复杂的交通环境。

5G 网络切片技术可以为认知车联网中的不同用户需求提供定制化的切片服务，针对不同的服务类型，将虚拟网络功能部署在切片中的不同位置，如边缘云或核心云。运营商可以根据用户的业务需求，灵活定制不同的网络切片（如计费、策略控制等），不仅能够有效满足用户的多样需求，还可实现更高的成本效益。然而，目前对于 5G 网络切片的资源分配优化问题，仍未形成统一的解决方案。我们在认知车联网中提出了基于双重认知引擎实现闭环优化的设计思路。

考虑到不同认知应用对服务要求的多样性（如低延时、高可靠性、弹性等），车联网中的网络切片服务请求也呈现出显著差异。数据认知引擎根据实时资源分配状况及用户的请求，运用机器学习、深度学习等技术对异构数据进行融合与分析，识别动态流量模式。随后，该模式信息被传递至资源认知引擎。资源认知引擎负责综合利益与资源利用率的联合优化：首先，对接入请求进行合理控制与筛选；其次，基于对网络资源的认知状态，执行动态资源调度和分配，并将调度结果反馈给数据认知引擎，形成闭环优化体系。通过双重认知引擎的动态协同优化，5G 网络切片能够更好地适应车联网中多样化的服务质量需求。在此基础上，既能有效降低运营总成本，又能提升网络资源的利用效率，实现车联网中更高效、更智能的资源管理。

3. 车外网认知

(1) 基于车内网、车间网和车外网协作的道路交通安全强化机制

作为认知车联网核心的智能自主运动体（如无人驾驶车辆），不仅需要具备对周围环境的精确感知与理解能力，还必须具备自主决策的能力。在车内网的情境下，无人车需要对驾驶员的驾驶行为进行认知。如果无人车逐步进入实际应用阶段，未来一段时间内，人工驾驶与无人驾驶车辆将会共存。因此，研究如何实现无人车与驾驶员之间的协同驾驶机制尤为重要。在认知车联网中，驾驶员的状态需要纳入考虑。车内网可以实现对驾驶员的状态认知，而车间网则能共享附近车辆的信息，从而对疲劳驾驶员发出预警。同时，云端也会动态分配更多资源给疲劳状态下的驾驶员，以提升整个交通系统在紧急情况下的响应能力。

对于车外环境的认知，智能自主运动体依靠其内置的多种传感器设备，如雷达、摄像头、GPS、智能里程计等，来感知环境并收集数据。随后，这些数据结合预存的地图信息进行环境建模，构建实时 2D 或 3D 地图，并通过运动轨迹规划为自动决策提供支持。目前，智能自主运动体已经具备移动

目标检测与追踪的能力，可以识别并追踪多个动态目标，同时预测它们的未来轨迹，从而为实时避障规划提供基础信息。

在车外网环境中，行人的行为预测是障碍物行为预测中最关键的部分之一。行人检测与行为预测技术可以帮助其在复杂路况中识别附近的行人目标，并通过目标特征（如灰度、边缘、纹理、颜色、方向梯度直方图等）进行分类和分析。借助这些信息，系统能够识别行人的身高、年龄等特征，并预测其可能的危险行为。行人行为识别研究开始于 20 世纪 90 年代，广泛应用于医疗康复和虚拟现实等领域，主要依赖对活动者或其周边环境的监控来推断其行为。

相邻的智能自主运动体还可以通过群体认知共享实时的环境地图，从而获得更加全面、详细的感知结果。此外，每个智能自主运动体会将收集到的道路信息上传到云端，云端则根据车辆行驶的路线提供交通状况报告。传统的路径规划方法，如 Dijkstra 算法和数学规划，计算量大且耗时长，难以应对现实交通网络的时变特性。这类方法通常根据几何距离或道路质量计算最优路径，无法有效描述动态交通环境。而认知车联网则能够实时描述交通网络的变化情况，并具备交通流量预测的功能，使得大规模拓扑网络的建模更加精确。同时，研究如何利用群体智能运动体进行分布式求解也将成为车联网的重要研究方向。

（2）基于物理空间和网络空间联合分析的网络数据安全强化机制

车联网的网络环境与传统网络环境有显著差异。一旦攻击者成功入侵，并远程控制自动驾驶车辆，可能引发难以估量的严重后果，不仅危及驾驶员的生命和财产安全，甚至可能导致整个交通系统的瘫痪。因此，确保车联网的网络安全至关重要。然而，实现安全的自动驾驶面临诸多挑战。首先，车联网终端的复杂性和多样性导致不同业务流量特征难以通过传统的入侵检测模型进行提取。其次，由于车联网中搭载了种类繁多的设备，所对应的漏洞形式各异，且不同平台之间差异较大，如何在不影响行车安全的情况下，快速修补漏洞成为网络安全认知的重要问题。传统的漏洞扫描方法高度依赖设备和平台，修补漏洞的过程常常耗费大量人力和物力。

认知车联网的网络安全保护机制主要包括两个方面：一是针对车内网的个性化和多样化特征，采用半监督学习算法，基于少量标记数据生成大规模、准确的标记数据集，从而提高模型训练的有效性。在此基础上，结合车主的隐私保护需求，通过加密车主的个人特征信息（如车主的生物特征和惯用驾驶习惯），实现对车内网潜在攻击的精准识别。二是基于物理空间与网络空间的联合分析机制，实现对威胁路径的前瞻性预测。在网络空间中，资源认知引擎负责监控网络流量，而数据认知引擎则对反馈回来的网络流量进行深度分析。结合物理空间中的环境感知数据，如车辆的周边路况信息、邻近车辆的驾驶数据，以及智能交通系统收集的交通网络密度和车辆移动状态等进行综合分析，为自动驾驶系统提供实时反馈。

当物理空间中某辆车的驾驶轨迹出现异常时，网络数据安全的警惕性会随之提升，系统会迅速启动对网络空间的漏洞检测和修复机制，以防止安全隐患的扩大和蔓延。这种物理与网络的双重认知分析手段，不仅提升了对潜在攻击的识别能力，也为及时修补漏洞、确保行车安全提供了有效的保障。

结束语

  计算机网络安全技术与人工智能是当前科技发展中极具前沿性和挑战性的领域。这种技术的发展不仅显著提升了网络的防御能力，也为我们处理大规模数据和复杂安全威胁提供了新的思路和工具。通过阅读本书，我们可以深入理解计算机网络安全与人工智能的重要性、技术进展、面临的问题及目前的解决方案。我们对如何利用人工智能技术加强网络安全有了更加系统的认识，但也看到了在技术应用和管理方面存在的不少挑战，例如如何平衡安全防护和用户隐私保护、如何应对日益复杂的网络攻击等。为了解决这些问题，需要持续的技术创新和法规完善。

  展望未来，我们需要进一步加深对计算机网络安全和人工智能交叉融合的理解，以适应日益增长的网络安全需求。我们还需要在教育和培训领域加大力度，为从业者提供关于最新安全技术的学习机会，同时需要政府和社会各界在建立更为安全的网络环境上提供更多的支持和资源。本书仅是对计算机网络安全技术与人工智能领域的初步探索，未来还有更多深入的问题值得我们共同探讨。笔者将继续关注这一领域的发展，期待与全球的研究者和实践者共同推动网络安全技术的进步，以保障全球网络环境的安全与稳定。

参考文献

[1] 张宣宣 . 生成式人工智能对个人信息造成的风险探析 [J]. 合作经济与科技 ,2024(22):182-184.

[2] 孔国杰 , 毛文亮 . 基于人工智能的 5G 无线网规划和优化分析 [J]. 通信世界 ,2024,31(9):43-45.

[3] 张伟 . 计算机网络安全技术发展趋势思考 : 评《计算机网络管理与安全技术研究》[J]. 安全与环境学报 ,2024,24(9):3705.

[4] 曾海峰 . 大数据时代计算机网络安全技术的优化策略 [J]. 网络空间安全 ,2024,15(4):232-235.

[5] 张平 . 大数据时代人工智能在计算机网络中的应用 [J]. 数字通信世界 ,2024(8):150-151.

[6] 黄喆 , 王选政 , 李杰 . 人工智能与生成 : 计算机介入产品设计 [J]. 设计 ,2024,37(9):77-80.

[7] 程训勇 . 计算机网络安全技术在电子商务运维中的有效应用 [J]. 科技创新与应用 ,2024,14(13):171-174.

[8] 包美丽 . 基于大数据背景的计算机网络安全技术优化探究 [J]. 产业创新研究 ,2024(8):102-104.

[9] 蒋忠均 , 赵将 . 大数据背景下计算机网络安全技术分析 [J]. 通信世界 ,2024,31(4):28-30.

[10] 达斯孟 . 基于网络安全维护的计算机网络安全技术分析 [J]. 集成电路应用 ,2024,41(4):298-299.

[11] 周佳佳 . 云计算环境下计算机网络安全技术的优化研究 [J]. 信息与电脑 (理论版),2024,36(7):224-226.

[12] 闫金亮 . 人工智能与计算机应用融合发展策略 [J]. 中国高新科技 ,2024(2):45-47.

[13] 梁树杰.人工智能融入计算机技术的有效对策 [J].信息与电脑 (理论版),2024,36(2):148-151.

[14] 杨博森.计算机人工智能识别技术的应用瓶颈探析 [J].数字通信世界 ,2024(1):110-112.

[15] 孙波.计算机与电子信息技术在人工智能领域的应用 [J].软件 ,2024,45(1):107-109.

[16] 解春升.大数据时代计算机网络安全技术应用风险分析 [J].网络安全技术与应用 ,2022(6):59-61.

[17] 李蕊.计算机网络安全的风险因素与技术防范 [J].集成电路应用 ,2022,39(4):270-271.

[18] 李小平.人工智能在计算机网络技术中的应用研究 [J].信息记录材料 ,2021,22(12):149-150.